曾志朗作品集

遠流出版公司

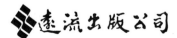

國家圖書館出版品預行編目（CIP）資料

人人都是科學人／曾志朗著 . -- 二版 . --
臺北市：遠流 , 2012.10
面；　公分 . --（曾志朗作品集；2）
ISBN 978-957-32-7058-4（平裝）

1. 科學 2. 通俗作品

307　　101017746

曾志朗作品集 2

人人都是科學人

作者——曾志朗
執行編輯——許碧純・林淑慎
發行人——王榮文
出版發行——遠流出版事業股份有限公司
100臺北市南昌路二段81號6樓
郵撥／0189456-1
電話／2392-6899　傳真／2392-6658
法律顧問——董安丹律師
著作權顧問——蕭雄淋律師
□2012年10月1日　二版一刷
行政院新聞局局版臺業字第1295號
售價新台幣280元（缺頁或破損的書，請寄回更換）

ISBN 978-957-32-7058-4

ylib 遠流博識網
http://www.ylib.com　E-mail: ylib@ylib.com

人人都是科學人

Science for Everyone

《人人都是科學人》目錄

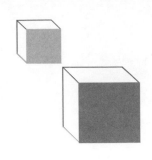

第2篇　科學之奇

第3篇　科學之機

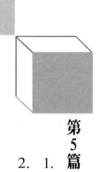

第6篇 科學之柢

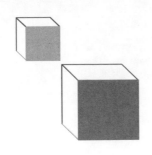

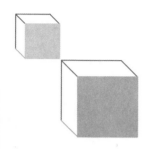

【江序】

野孩子「曾志朗」上場

江才健

我記得頭一次看到「曾志朗」這個名字，是在十多年前的《聯合報》上，那時他開始替繽紛版寫「科學向前看」的專欄。當時我在中國時報工作，自己寫了十多年科學方面的報導和評論，也看到許多介紹科學方面的文章，但是總覺得成功的不多。

「曾志朗」的文章不同，他總是能給我一種驚艷的感覺。他文章的使人驚「艷」，不是他文字的華麗，辭藻的考究，他文章的使人眼睛一亮，是其中總是充滿了新奇的想像力，不落俗套的知識引介和俯拾皆是的生活趣味。因此，後來我也請他替《中國時報》的科學版寫過稿。

雖然我津津有味的讀了他許多精彩的文章，但是有許多年，「曾志朗」卻只是我神交欽仰的作者，後來才有機會在《科學月刊》和一些相關的科學會議場合上碰面。這些碰面的場合人多口雜，沒有機會深談，但是我已經感覺出，他是一個有熱情理念，樂於獻身工作，又全然沒有學術身段和知識架子的一個眞誠的學術中人。這個形象，往後並沒有因爲他身分的改變，而有任何的不同。

兩年多前，他和出版界的老友王榮文先生開始了《科學人》雜誌，當時已是「曾部長」的「曾志朗」，除了出任榮譽社長，也每期替《科學人》寫一篇科學專欄。這本書中的文章，有許多就是收錄自他在「科學人觀點」專欄中的文章。

細看這許多跨越了十多年時間的文章，訝異於「曾志朗」知識視野的廣泛之外，也對於他處理這些知識內容的巧思，嘆服不已。介紹科學知識的文章，嚴科學內容者有之，引玄奧之喻者亦衆，但是眞能如「曾志朗」專欄深入淺出，簡喻明釋的文章，確是難得。我以爲，「曾志朗」能夠寫出如此令人欣羨的科學文章，一方面來自他對於科學知識，有由語言認知領域許多原創性研究工作而得到之領悟，另方面則與他對知識之外事物的廣泛興趣，不拘格局的交友結緣，以及天生熱情和不凡的文字運用能力有關。

閱讀「曾志朗」的專欄，是一種享受。你可以由他上天下地，隨思馳騁的文句中，分享他的知識視野和生活趣味。他會由偵探小說，談到科學研究，細數歷史政治人物，導入環境變遷：芭芭拉·史翠珊的美妙歌聲，使他談起了記憶研究；拜訪加州舊金山的研究同儕，讓他憶起多年前研究的鳥言鳥事；由聖地牙哥沙克生物研究所，談起DNA解密者之一克里克的意識研究；由電影《雨人》，也觸及威廉氏症孩童的另扇靈窗。這一篇篇帶著慧眼巧思的文章，使人看到眞正的對知識追尋的好奇心，也怪不得許多人都提到，他們愛看「曾志朗」的專欄。

一年多前，「曾副院長」要我到中研院去給他幫忙，他成了我的「老闆」。這一年多近距離的接觸，使我更深刻認識到他眞實無華的人格特質。在辦公室中，他從沒有「老闆」的派頭，他的祕書「我不罵他就不錯了」的玩笑話，傳神的描繪出「曾副院長」的親和力。我學習不來他的樂觀熱情，縱然在情緒最低潮時，還可以幽幽地唱歌。最令我訝異的是，他那一篇篇令人激賞的專欄，居然可以在緊湊的開會、見客、上課和演講的行程中，趕在截稿前完成。

獻身工作，週還拚命打兩次羽毛球的「曾副院長」，有時還會天眞地抱怨「自己殺球時怎麼跳不起來了」，有時也開玩笑的不滿意越來越多人稱他是「洪蘭的先生」。雖然三山五嶽，世界跑好幾圈，我覺得在內裡，他卻一直還是那個黝黑黝黑，閃著一雙大眼，對自然世事充滿好奇的旗山鄉下孩子「曾志朗」，一個「眞人」。

【序文作者簡介】江才健，資深媒體文化工作者，曾任中國時報科學記者、主編和主筆，現在台灣大學新聞研究所和中央大學等校兼任教職，著有《大師訪談錄》、《物理科學的第一夫人——吳健雄》、《規範與對稱之美——楊振寧傳》，近年特別關心科學在不同文化中的定位和意義問題。

【代序】

德先生、賽先生，本是一家人！

曾志朗

寫了多年的小文要集篇成册，總不免要爲它點綴一篇序言，但左思右想，覺得科學與民主發展至今，賽先生、德先生這兩位兄弟仍然尚未長大成人，對他們的殷殷期待，依然充滿胸間。我寫下的一些觀點，就是要人人都能成爲科學人，賽、德兩兄弟，才能蓬生麻中，不扶自直。二〇〇三年十月，我在《科學人》的專欄中寫下了那份期待，就讓它作爲這本書的代序吧！

＊

在光輝燦爛的十月天，《科學人》贏得金鼎獎，恭喜！

喜悅仍在秋風中晃蕩，四年級的社長卻在一個飄著細雨的夜晚，問三年級的榮譽社長：「這高檔的科普雜誌會促使賽先生更高大，而德先生也更健壯嗎？」三年級生想了想，就回答四年級生說：「賽先生與德先生雖是同卵雙生子，卻不一定有相同的命運，由於客觀的環境不一樣，有些國家的賽先生長得快，德先生卻不怎麼樣，如當年德國的納粹及蘇聯政府。但這些是例外，眞正的情形是，在全世界大多數的國家裡，我們往往可以從賽先生的健康指標去推測德先生的健康情形，也就是說，把全世界將近一九二個國家的賽先生和德先生作一比對，則我們會得到一個頗爲可觀的相關指數。」

四年級生搶著說：「但高相關並不能指出因果關係，所以我要問的應當是：『賽先生是德先生的驅動者』，還是『德先生是賽先生的保證人』呢？」

三年級生說：「也許不應該太重視因果關係，重要的是如何維護與促進賽先生與德先生的共生體系，這就牽涉到這兩位先生共同基因的問題了。我想，構成健康的賽先生和健全的德先生都會動用到許多基本的元素，但歷史告訴我們，其中最重要的公分母可能只有兩個：一個是讓證據說話（evidence-based），另一個則是批判性思維（critical thinking），而這兩者也必須有相輔相成的共生關係才行！」

四年級生很是懷疑：「在一個八卦消息掛帥、口水唾沫橫飛的社會，德先生是病了，他金玉其外，敗絮其中。表面上說是言論自由，其實整個社會的可信度越來越低，德先生已經是爲『德』不卒，病入膏肓了！賽先生堅持讓證據說話的精神確實是對症下藥的良方。但沒有藥引子，有用嗎？」

三年級生接著說：「藥引子，就是提升批判性思考，這是賽先生最可貴的人格特質。批判性思考不是一味做負面的否定，它的精髓是尊重其他的意見與看法，即對任何已經被提出的看法或意見，必須去檢視它們的邏輯推論歷程，並針對其中的關鍵假設小心求證，包括論『證』與『證』據。這個態度是對事不對人，且批判的對象絕對是包括自己的理論與看法。現在社會上已經有越來越多的人養成要問問看有沒有第二種意見（ask for second opinions）的習慣了，這是好現象；但更重要的還是要看看，第二、第三或第四種意見有沒有支持的證據？否則尋求再多的意見也是白搭，只會增加思緒的混亂而已！」

四年級生點點頭說：「挑戰權威的態度，當然是保證德先生與賽先生茁壯的重要因素。但你能舉個最近科學界的實例嗎？」

三年級生吐了口氣笑說：「我還以爲你不會問呢！我正要告訴你一個令我頗爲感動的例子。最近我讀了一篇文章，講的是格陵蘭島（Greenland）在往後幾年到底會變綠還是會變白？根據目前絕大多數專家與業餘科學人的看法，全球暖化的結果將使住在海岸線的居民陷入危機，因爲暖化會使地球南北極的冰凍層融化，預計海平面在本世紀結束前將上漲77公分左右。海水漲、海浪高，當然對海岸線居民的居家安危造成威脅。的確，二〇〇二年格陵蘭島陸地上的冰層因地球暖化漸漸融解露出綠地，成爲名實相符的「綠」島（“Green”land）。這些證據使得大家更相信格陵蘭島有一天會被融解的冰水所淹沒。

「但是就是有不信邪的人！年初有一組在蘇黎士瑞士聯邦理工學院（Swiss Federal Institute of Technology）的研究者提出讓大家都跌破眼鏡的理論，他們研究南極圈的氣候變化，發現鄰近海洋的溫度升高後，會造成空氣中的水分增加，在寒冷的氣溫下，將會飄落更多的雪花。他們把在南極圈所得到的數據轉成各種參數，來模擬格陵蘭島在未來十年內因海洋加溫所產生的下雪量，結果是不減反增，也就是說，格陵蘭島不會變綠，反而會是白茫茫的一片呢！當然，這一群研究者也不忘記對自己的理論批評一番，認為若空氣中的二氧化碳持續增加，那冰層融化的程度和速度都會產生變化，屆時又可能綠意滿島嶼了！」

四年級生下了個結論：「讓證據說話加上批判性思維，其實也應該是德先生的必備特質，否則我們怎能檢驗民主選舉活動下，政治人物的承諾有沒有兌現?!」

三年級生欣然同意：「科學人就是要孕育這兩個精神，使它們變成生活的態度。那時候，賽先生與德先生就是一家人了！」

那個夜晚，兩個老男生，在暗淡的路燈旁的車裡老生常談，為《科學人》祝福。恭喜得獎！

第1篇

科學之心

1 當局者迷

電腦漢字輸入，讓我們了解人類認知系統有多封閉。

二十年前，漢字的排印是一項非常繁雜費勁的工作，排字工人必須在一盤又一盤爲數衆多的字群當中，找到所要的單字，然後一一檢出，再按預定的格式做成模板，最後才上墨付印。整個程序不但非常瑣碎，也容易出錯，所謂「手民誤植」，幾乎就成爲所有寫錯字的作家的藉口。當年的中文打字，採取的也是同樣工程浩大的檢字作業。由於字盤的排列，都是以部首與筆劃數爲基準，所以出現的錯字，也都是以同部首的相似字爲主。

近十年來，電腦的漢字輸入，早已超越逐字檢字的方式，而是以漢字編碼的程式，使用有限的打字鍵，在電腦的字庫中找到所需的漢字，可以呈現在電腦螢幕上，也可以隨時列印出來。其方便性與普遍性已經造成一種史無前例的景象：漢字的電腦輸入已成爲學生在學習與生活上必備的技能之一，電腦文字輸入的能力絕對是e化的必要條件。其中，我們又發現了一個非常有趣的現象，即輸入的方式又決定了打錯的字的型態。例如，用倉頡輸入法（形碼對應）和用自然輸入法（音碼對應）所形成的錯字是完全不一樣的；前者是形似的錯誤，而後者是音同字不同的錯誤。換句話說，拿起一篇打好的文件，我們可以從檢視它的錯字型態看出是用哪一種輸入法，而且絕對屢試不爽。

我們再做進一步的測試，讓使用倉頡輸入的人去校對另一個倉頡輸入者的錯誤，和讓自然輸入者去校對另一個自然輸入者的錯誤，效率都是其差無比。但是，如果一個倉頡輸入者去校對自然輸入者的錯誤，或自然輸入者去校對倉頡輸入者的錯誤，則成效就好得不得了。這個交叉測試的結果告訴我們，人類的認知系統其實非常的封閉，我們學習新的事物是爲了適應新的情境，一旦學會了，卻又自陷其所造成的藩籬之中，形成當局者迷的現象。

最顯明的例子是，考古人類學家發現，幾千年前的馬雅人製造圓輪作爲祭祀之用，但他們從來沒有想到要把圓輪拿來做成車輪。後見之明的人當然會問：「爲什麼不呢？」但先見之明卻是那麼不可得。人的認知系統，往往對物件的單一功能非常執著。如果我們深入思考，想想人類的科學史不也是如此？正常的科學概念變成典範後就籠罩著一切學理的思考，對許多異象的實驗結果都視而不見或見而不識，直到某一個引爆點，概念終於變過來了。但一旦又成爲典範，則……。

創意，就是能走出當局者迷的困境，你說是不是？（《科學人》雜誌，二○○二年三月）

2 自然界的吶喊

當政客仍在辯論有沒有溫室效應時，
生物界早已從冬眠中熱醒了。

校園裡種滿了杜鵑花，但熙熙攘攘的學生當中，有誰曾經記下今年第一朵杜鵑花開在哪一個日子？是在「淡淡的三月天」裡的一個日子嗎？還是在二月的一個該冷不冷卻稍微嫌熱的日子裡，它就迫不及待的綻開了呢？南部的朋友告訴我，今年的鳳凰花似乎也提前爲古都穿上嫣紅的裝扮！

日子是有點奇怪，因爲不但花香跑在春天的前面，連樹林裡的鳥語也都在冬天未了的時機，就紛紛報告春天的腳步提早到達了。看來，四季的規律已經有所變動，而自然界的反應也相當的明顯，因爲確實有一股力量，驚動了大地上的萬物。但對於眼前的這些變化，大多數人往往懵然無知，他們感受到了變化，卻不知變化的意義爲何?!直到有一天……。

還好！我們有像理察・費特（Richard Fitter）這樣的業餘科學家，他是道地的專業自然觀察者，非常仔細且持之以恆，並準確地把觀察到的事件紀錄下來，分門別類的寫在日記上。半個世紀以來，他晃盪在英國牛津郡的四周，記下了每年初春的第一朵花開、第一聲鳥叫、第一隻破繭而出的蝴蝶等等與時節有關的動植物行爲。他分出三八七種英國的植物，也把它們整理成册出版，但他從不自認爲是「夠格」的科學家，也從沒有想到過有一天他的名字會出現在世界最有名的《科學》（*Science*）期刊上。論文是有關全球變遷中的溫室效應，作者的名字是 Fitter and Fitter，後者是他的兒子亞拉斯坦・費特（Alastain Fitter），目前是約克大學（University of York）生物系的系主任，他把他父親四十七年來的紀事賦予科學的含義：自然界的歷史，變成全球化溫室效應的見證者。他父親的東看西瞧，原來是先知的腳步！

因爲紀錄非常完整，且橫跨半個世紀，亞拉斯坦・費特才有足夠的數據去計算各種植物每年開花的時間。他們很快的就算出在牛津郡有一六%的花種，在一九九〇年代顯現出提前綻放花朵的事實，甚至有些通常在三月才開花的花種竟然在一月就開了，足足提前了五十五天。鳥呢？紀錄上的趨勢很淸楚地指出，每年的第一聲鳥鳴也是逐年越來越往前。最有趣的是，候鳥北返的地點居然也逐年北移，顯示北方的寒地也越趨溫暖，怪不得去年三月北極海的冰山崩裂了一大塊。

大地是越來越暖和了，這已經是不辯的事實。不用大氣科學家的汽球，也無須電腦程式的計算，生物界早已從冬眠中被熱醒了。政客仍在辯論到底有沒有全球性的溫室效應，工業鉅國仍然不願發出「減低二氧化碳」的宏願，但自然界已經等不及了，北移的動植物生態會影響原來「在地的」動植物生態，一場「適者生存」的戰鬥又將開始。當然，有些物種會適應得很好而得以繼續繁衍，有些則會從地球上消失。它們的命運必然影響人類的生活。所以，我們哪能掉以輕心?!

費特父子的事件，應該會帶給我們很多啓示。首先，任何人只要有心觀察，仔細紀錄，並持之以恆，則一項看似休閒的活動，也能爲科學留下大量有用的數據。第二，單有紀錄，有很好的分類，還不能稱爲科學，必須佐以學理的綜合解釋，才是眞正走入科學的殿堂。第三，各門各類的科學成果，不但要各自累積，更要在共同的邏輯思維方式下，形成系統的知識。唯有這樣，才能同中求異，異中求同。第四，見微知著，原是科學的本意，若能跨科尋源，則生命才能有更深更廣的涵義。

花開花落，鳥來鳥往，構成生活的韻律。現在又是仲夏蟬鳴的時節，你也許感到今年熱的日子特別多；你仔細聽聽，今年的蟬鳴有沒有早來了一些呢？（《科學人》雜誌，二〇〇二年八月）

3 沖太歲、安太歲？

爲什麼怪力亂神還不 Go Away?!

前幾年，我還在南部教書的一個晚上，忽然接到一通電話，電話的另一端是台北一位長久以來對我愛護有加的師長。他問了我一句奇怪的話：「你今年安太歲了嗎？」我沒聽懂，電話裡又傳來老師慈祥的語音：「你師母說你的生肖屬猴，過了年就是虎年，會出現沖太歲的問題。你到廟裡去走一趟，安個太歲就沒事了，我們也放心！」掛完電話，心中感受到兩老的愛心，但對這些沖不沖、安不安的無稽之談，也就不以爲意。

邁進年關，老師的電話又來了，一定要我上台北，他和師母要陪我去安太歲。我想茲事體大，是什麼時代了，我們做爲社會的菁英份子，怎能有如此迷信的行爲。可是兩老的盛情難卻，必須想個辦法解決才行！我想兩人都是學界的佼佼者，應可以理性的科學論點說服他們。我私下進行了一個研究，比較這十二年來每年沖到太歲和沒有沖到的人，在當年度裡的厄運是否有所不同。

首先，我要界定什麼是厄運，才可以算出「不幸指數」（IMF, index of misfortune）做爲比較的數據。每個人所經歷的不外乎生、老、病、死，前兩者應該是快樂的，多子多孫，長命百歲，當然是福氣；但後兩者絕對是霉運的寫照，可以列入IMF的考量。此外，學生怕考壞，商家怕倒閉，工人怕失業，農人怕「歹年冬」，住家怕失竊，車子怕拋錨……，而這些指標都有紀錄可查。

我根據各種不同職業篩選5、25、45及65歲四個年齡層做爲原始樣本，再根據前十二年的每一生肖的沖與不沖太歲分成兩大類別，最後以各樣本各自的厄運指標（例如，如果他是學生，就看他有沒有考壞）去算出他的IMF。統計結果顯示，年齡、行業與沖不沖太歲三個變項都沒有達到顯著的差異，也沒有年齡與行業兩變項的交互作用。簡言之，沖不沖太歲，對這些人該年的不幸指數並沒有造成任何影響。

爲了安兩老的心，我把研究的數據和各項統計的檢驗結果做成表格，親自送給他們過目，也做了簡要的說明。兩老不置可否，好像有點不太高興。老師想了一下，說：「證明了統計上的虛無假設，並不能說一定沒有這回事！」師母也想了一下說：「可能那些沖到的人都已經安過太歲了，你的樣本大概受到汙染了！」我當場目瞪口呆，不知如何回應才好！

爲了保證樣本的可靠性，我回南部學校後，再做一次抽樣檢查。對樣本中沖太歲的這一組人，盡可能的詢問有無安過太歲。果然是有，而且比例還不低！可見民間信仰的無形力量眞的不可忽視。這次我學乖了，我再把原樣本中沖太歲的這一組人細分成次兩組，一組安過太歲，一組沒有，然後做統計檢驗。結果呢？還好！還好！還是沒有顯著的差異！雖然又是證實了虛無假設，但經過數據除汙的步驟後，再做統計所得到結果的可重複性，令我感到信心倍增。

我喜滋滋的把結論呈現給兩老，兩老的臉拉得更長！沉默了一會，師母說：「那些說沒有安太歲的人，你怎能保證沒有別人幫他們安呢？就像你！我們知道你一定不信，所以啊，我和你老師上星期天已經去廟裡爲你安了太歲！」她再補了一句話：「求個安心罷了。」

好一個求個安心！我心裡充滿對兩老的感激，卻對揮之不去的「怪力亂神」感到無奈！是什麼時代了？月上的嫦娥已被阿姆斯壯的腳印取代，人類的生命之書也隨著基因體的解碼逐漸被翻閱，而人世間的神鬼之說卻依然左右著大多數人的生活之道，即使是主政者也不能例外。

這兩天坐在全國科學教育的研討會上，聆聽諸位專家學者大談如何提昇民衆的科學素養，我忽然心頭一驚，眼掃全場，也許「七力」先生的分身就坐在觀衆席中暗自竊笑呢！你怎麼知道有沒有呢？我知道一定沒有，因爲我是根據理性的思維及統計的推論所得到的結論，那你又根據什麼呢?!（《科學人》雜誌，二〇〇三年一月）

4 鎖來鎖去，鎖爲何來?!

鎖的出現，
開啓了人類文明的另一境界。

朋友收藏鎖，一字排開，古今中外，各型各樣的鎖，令人目不暇給，我最喜歡他藏品中的古代鎖，造型簡樸，功能實在，且式樣美觀，韻味十足。但我最感動的還是，因爲鎖的出現，開啓了人類文明的另一境界，否則，天地若一體，混沌皆相融，也不必分彼此了，哪裡要什麼鎖呢！

鎖，區分出兩個概念的世界：「我的」和「不是你的」。**我的**是原始的個人體驗，在那個世界裡，凡是感官所及，都是我的；**不是你的**是超越感覺的世界，建立在較高層次的反思歷程上，成爲一項防衛的機能。有了鎖，人類的精神文明就不再只是「有」與「無」的關係；更重要的是不但要**有**，而且要把**有**儲存，把**有**珍藏，要保護已經**有**的，要防範**有**被人偷

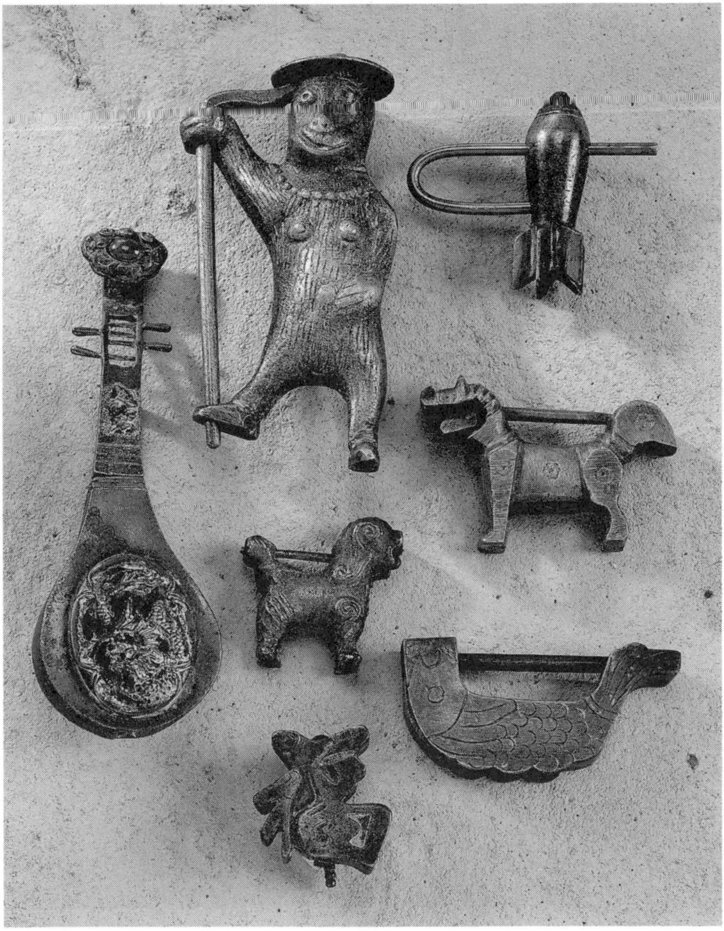

※圖片由收藏者顏鴻森教授提供

走，所以為保護眼睛看不到的**有**，就設計一把鎖，把看不見的**有**關起來。擁有那把鑰匙的人，就是**有**的主人；而**不是你的**就表示你沒有開鎖的身分與資格，和持鑰之主不在等同的社會地位上。人際關係變了，人類文明的形式也跟著變了。

鎖住的豈止是有形的東西而已。那登錄在記事本上抽象的思維，那日記裡喃喃的含情苦思，一片片枯黃楓葉的相思情懷，加上一些些不足為外人道的零碎事物，容我加一把鎖，鎖住個人的隱私。

啊，隱私！這是個人化社會文明中的精神表徵。隱私是一種無形的靈魂，是不可侵犯的，是超越親情之上的。所以，鎖在裡面的，是個人的祕密檔案，無限遐思，無盡哀怨，曾有憂傷，也有快樂的片段，鎖在心靈深處，不許外人（就是親生父母也不例外）窺探。

如何鎖住這些有形無形的「個人所有」呢？大鎖、小鎖、方鎖、圓鎖、蝦尾鎖、魚型鎖、胡琴鎖、龍蛇、飛鳥，琳瑯滿目，各有造型，且細雕巧鑄，無一不成鎖，鎖住人類生活的多樣性表現。

再看鎖內的機關裝置，有的簧片往上，有的打橫，有的匙溝還長出小牙，以防外人無鑰自通。所謂「防人之心不可無」，這就牽涉到人類心智能力最基本的面向了，也就是「人之異於禽獸幾希」的「希」字是什麼的問題了。從鎖的觀點來看，答案似乎很簡單：動物（包括人）也許有「計算」的能力，但只有人才有「算計」的能力。前者指的是事情要怎麼做，而後者指的是「我知道他知道我會怎麼做，所以，我要設計一套程序，使他以爲我因爲知道他會知道我會怎麼做，而故意耍他，讓他爲避免我耍他而不中計，卻因此上了另一個圈套」的心路歷程。這種種的設計，更展示了人類心思的靈巧，智慧已由計算演進到算計的更高層次了。

那麼多東西要鎖，那麼多的賊要防，鎖得了嗎？會不會防不勝防呢？我有一次問那位收藏鎖的朋友，這麼多精品怕不怕被偷？要用其中哪一把鎖，才能保證鎖住其他的鎖？有形的鎖，鎖得住無形的現實世界嗎？那鎖住一室春光而不令其外洩的，會是怎麼樣的一把鎖呢？

（《科學人》雜誌，二〇〇三年四月）

5 記憶與我

沒有「自我」的概念，會有「我」的記憶嗎？

我什麼時候開始有記憶？我對我出生的過程有記憶嗎？我能記住出生前在媽媽肚子裡時外界的聲音（如爸媽親暱或吵嘴的言語）嗎？早期的研究者基本上否定上面的問題，提出「嬰兒失憶」（infantile amnesia）的結論。其中有一派研究者甚至認爲，人類對學會說話以前所發生的事是沒有記憶的，因爲我們現在已經習慣用語言的方式去回憶以前的事件，對襁褓時期的非語言世界是想進也進不去的。至於坊間流傳的「前世今生」的記憶，更是因爲缺乏科學的驗證方式，而被認爲是無稽之談。

好吧！我們就不談前世，只論今生。我們對童年的記憶到底可以回溯到幾歲？就說我自己吧！我對當年初進幼稚園第一天同學們哭鬧的情景仍歷歷如繪，那時是六歲；我還記得小時候追一隻小狗，摔到水溝裡差點淹死，多虧台南大舅家的表哥把我撈起來的往事，媽媽說（表哥、大姊、二姊都證實）那時我五歲，因為大舅家的表哥在我五歲那年，剛好來我們鄉下的家做客；我也似乎記得，一次和妹妹打架，手指頭被咬一口，好痛的感覺！那時應該是四歲，因為恰好大姊的小學日記裡曾經記載了那次的「流血戰役」。

三歲以前的事，我就不記得了。有一次，我希望媽媽說說我小時候的頑皮事蹟，她老人家倒是記憶很好，除了證實上述事件外，也說了幾件我四歲前發生過的事，我也求證過大姊、二姊和隔壁的親戚朋友，把其中有共識的部分整理出來。例如，他們都說我三歲時（經過年代的比對）曾經「日時吃西瓜，暝尾反症」而發高燒，爸爸抱著我半夜敲醫生的門。可是，我擠破腦袋，就是不記得有這回事。

也就是說，即使被大家重複證實的往事，我聽了半天，想了半天，也無法「再認」。所以，三歲前所發生的事，我確實是沒有記憶的。我也去查了相關科研的文獻，越來越多的研究結果，都支持我的看法。

難道三歲以前沒有學習嗎？有的，而且學得很快，也學得很多，只是對這段時期的學習經驗，後來就沒能有所記憶了。為什麼呢？真是因為學會使用語言，就再也進不了幼小心靈的感覺與心象世界了嗎？也不盡然。最近一些研究報告指出，幼兒學會說話的快慢和「嬰兒失憶」的終止點是沒有相關聯的。所以，到底是什麼原因造成「可以被回憶」和「不能被回憶」經驗的分野呢？

有人認為（我當然是其中一位），我們現在的回憶基本上是對個人經驗的追溯。因此，在嬰兒成長的過程中，如果沒有完成「自我」（self）的認知，則所有的學習經驗是零散的，只是個體對外界刺激的反應而已；只有在認識了外界的刺激是針對「我」而來才會有所回應的那個「我」的概念形成之後，經驗才會環繞這個「我」（客觀的Me，而非主觀的I）而逐漸累積。現在的我，是有了這個「我」的概念之後的我；我現在的所有回憶，只能存在於這個概念中的「我」中。大多數的嬰兒，大概在十八到二十四個月中，完成了這個「我」的概念，因此，之前的學習經驗，不在這個「我」中。「我」記不起來，是理所當然！

我們來看看實驗的證據吧！讓嬰幼兒看鏡中的影子，當他（她）看到鏡中人的鼻子上有個紅點，他（她）會去觸摸自己的鼻子嗎？把這個認識鏡中人就是自己的成就當作「自我」概念的完成指標，則大多數的實驗結果顯示，嬰兒大概在十八到二十四個月時，完成了「自我」的認知。除了鏡影手摸鼻子的指標外，研究也發現，嬰兒在這時期看到鏡中的自己會有害羞的微笑，會避免眼神碰觸，也會增加許多對鏡自我觸摸的動作，一再表現出他（她）知道鏡中人就是「我」的認知。

所以，沒有「自我」的概念，就不會有「我」的記憶，你同意嗎？（《科學人》雜誌，二〇〇三年六月）

6 快樂爲創意之本

It's good to feel good!

音樂治療、繪畫治療、書法治療、戲劇治療、舞蹈治療、運動治療、認知治療……當一向被認爲是修心養性、提昇心靈境界的休閒活動，都一再被冠上「治療」的名稱時，我們一定要問：這個社會怎麼了？原來是積極正面的欣賞，爲什麼都變成負面表述的名詞？難道生活在現代社會的人眞的是那麼精神不濟，所以需要以各種活動去治療嗎？但話說回來，如果這些活動是爲了抗壓，是爲了紓解精神的苦悶，那正面的表述不是更有效益嗎？爲什麼負面表述變成常態呢？

其實人們只重視負面情緒的惡果，而忽略正面情緒的效益，正是上一世紀多數西方科學家對人類精神福祉的看法。他們假設人的生活面是「本善」（well-being）的，所以若有不足或不善，則一定是被負面情緒破壞了。分析檢視負面情緒的類別，並標示其不同的性質，就成了研究的主流。從這個觀點看，假如沒有負向的情緒干擾，生命的存在原型本來就是完好的，所以正向的情緒就不必太在意了。科學家因此把精力集中在研究負面情緒的破壞力，對正向情緒是否可以幫助人們往上提昇，就留給宗教家去思考了！

從科學分析的量化需求而言，負向情緒是較易分類的，憤怒、哀傷、恐懼不但在心理的感知上截然不同，三種負向情緒的臉部表情也各自不同，讓人一目瞭然；就是在生理的反應上也不一樣，大概在二十年前科學家就已發現自主神經系統對上述三種負面情緒有三種不同的反應。但是對正向情緒的描繪卻非常困難，也沒有自主神經上的特殊反應可以作爲量化的指標，所以在科學期刊中，每一百篇有關負向情緒的論文，才有一篇談正向情緒的論文。

這個研究取向的不對稱，不僅反映出科學量化上的相對困難，也反映出理論建構上的困難。因爲從生物演化的觀點，負向情緒的目的清楚可見：恐懼會促成逃離危險的現場，憤怒就是準備攻擊的前奏，而哀傷就是節省能源的浪費。在適者生存的天擇過程中，這些能促使即時行動的機制是非常有用的。但正向情緒通常不會促成即時行動，而且即使有行動，其目的也往往模糊不淸，所以對建立正向情緒的功能機制就不太容易了。

近年來，情況有所改觀。首先，在一九三〇年代，正向情緒的正向效益有非常明顯的數據予以支持。一八〇位在修道院裡的一群天主教修女，被要求寫日記，也寫短文，描述她們小時候的經驗，她們每天所做的事，還有她們的想法，這些林林總總的記事有喜、有悲，有不同的情緒反應。六十年之後，美國肯塔基大學（University of Kentucky）的科學家拿到了這批資料，仔細分析內容的正負向情緒詞彙。他們發現這些短文中，充滿正向情緒表述的作者，和充滿負向情緒表達的作者的壽齡相差十歲。十歲的差距是很大的，比持續抽菸者與戒菸者的壽齡差距大得太多了。這個研究引發更多類似的研究，而這所有的不同研究結果都指向一個結論：正向情緒對延續生命是有效益的。

但正向情緒的效益不只於此。最近美國密西根大學（University of Michigan）的心理實驗更發現，負向情緒會導致「隧道視限」（tunnel vision），而正向情緒則會增加思維的彈性及統合性的視野（global vision），後二者剛好就是創造力的兩個重要因素。因此，在一個充斥負向表述的社會裡，我們很難期望有創意的問題解決方案！但是，我們也不必太過失望，否則就太悲觀了，會陷入負向思維的反芻，這就不妙了。唯有樂觀快樂才會讓我們拋開舊包袱，開創新契機。

其實，我想說的是，我們已經爲正向情緒找到了演化上的功能了：It's good to feel good!（《科學人》雜誌，二〇〇三年八月）

7 如果機器會思考

擁有計算能力的機械組合體，
是否也可能擁有類似人類的思維能力？

石頭會不會思考？不會！爲什麼不會？因爲那不是生物。樹會不會思考？不會！爲什麼？因爲那不是動物！那麼螞蟻會不會呢？應該不會吧，因爲牠們雖然分工很清楚，也各守本分，卻沒有腦神經可以用！那老鼠呢？也不會！因爲牠不是「高等」動物！猩猩呢？牠們有解決問題的能力，也有「社會文化」的行爲，但是好像和人類不一樣。不一樣在哪裡？襁褓中的嬰兒會思考嗎？「它」們如何由出生時對腦海中的一無所有（眞的一無所有嗎？），到年長時的「心事誰能知」呢？

能解決問題就是思考嗎？那現代的電腦能解算數難題、能下棋、能打麻將，還會贏哩，它若不能思考，怎麼能做出這些變化無窮的計算呢？西洋棋的棋王輸棋給「深藍二號」

（Deep Blue II）的時候，又懊惱、又沮喪，還亂發脾氣，但「深藍二號」輸棋的時候，並沒有Deeply Blue呀！反而是它的程式設計師在跳腳。所以也難怪那位俄羅斯棋王面對「深藍」的招式一步一步走下去時，感歎說：「我的對手不是人！」

電腦的計算能力越來越強，到底會不會有一天越過「人」、「機」之分野，而變成「眞正」會思考的機器呢？在一九四九年的某一個夜晚，五位曾經於不同時期在劍橋大學（University of Cambridge）教學做研究的最頂尖學者，應邀回到劍橋大學基督學院的宴會裡，對上述的問題作了一番相當嚴肅的檢討，宴會主人是當時得意政壇的小說家史諾（C. P. Snow），客人有以量子力學研究得到諾貝爾物理學獎的艾文・薛丁格（Erwin Schrodinger），及以族群遺傳學的數理分析爲依據，將古典遺傳學與演化論整合，而把生物基礎的概念往前推一大步的賀爾丹（J. B. S. Haldane）。但宴會的兩位眞正的主角是本世紀最有影響力的哲學家維根斯坦（Ludwig Wittgenstein），以及以「涂靈測試」（Turing Test）檢試人工智能而著名於世的亞蘭・涂靈（Alan Tuning）博士。

這是個虛構的宴會，作者約翰・卡斯提（John L. Casti）精心設計這個餐會，在屋外風雪交加而室內和暖如春的古典建築氣氛中，去討論與爭辯一個亙古難解的問題：擁有計算能力的機械組合體，是否也可能擁有類似人類的思維能力呢？餐會的主菜是白魚與紅肉（Fish and

Meat)，前者是涂靈的智力檢定法（即模仿遊戲）的說明，而後者則是維根斯坦所提出的那一針見血的反證（即象形文字實驗室）。這中間又夾纏著薛丁格的「光室論證」以及賀爾丹對「釐清意義」的堅持，讓這兩盤主菜咀嚼起來實在令人回味無窮。

接下來，由語言習得的三種理論（行爲主義、皮亞傑〔Jean Piaget〕的認知發展論與喬姆斯基〔Noam Chomsky〕的語言器官說）到生命與心靈的起源說，這是沙拉也是甜點，五個人辯聲不斷與口水戰連連，其中高潮迭起，令人激賞。但最使我稱羨的還是醇醇的酒香，配著那劍橋第一廚的道道佳餚。我想這些色、香、味俱全的陳述，絕對是作者刻意的安排。他隱隱的點出做爲一個人眞不只是「智」的活動而已，大部分的時間，人是在「感受」與「心動」中活著。體認這一點，我們也許就會了解維根斯坦所強調的話：「不過，除了展現人類高度的科技成就之外，我也無法想像假使發明（會思考）這樣的機器有什麼好處可言。」

但同時我也必須強調一個重要的分野：製造一部會思考的機器是否有用（怎麼可能會沒用？），和這機器的組裝與運作是否爲人類大腦的思維歷程提供了模型（這可能也只是個抽象的理論體系而已），是兩個截然不同的問題。我們有幸聆聽劍橋五重奏，聽完之後的反應卻是更多的茫然。在曲終人散的夜裡，我想起基因複製，想起探索號在火星上，想起哈伯正注視著那遠方的黑洞，想起正在擴大的臭氧層的危機，想起如果我們也來辦一場餐會，也邀請五位台灣最頂尖的學者，來一場五重奏，你認爲他們會有什麼樣的演出呢？

所以在你還沒有被變調的五重奏驚嚇之前，趕快去買一本《劍橋五重奏》（*The Cambridge Quintet*；編按：中譯本新新聞文化出版），仔細聆聽每一個音符，你就會在樂音之中，感到智慧的可貴。（《劍橋五重奏》推薦，一九九九年六月）

8 人心難測

意識上邏輯清晰、論證分明的思路，常常在情緒激動的狀況下，變得固執和自以爲是，把客觀的數據忘得一乾二淨。

常常有人問我：「心理學百年來的最大成就爲何？」我的答案很簡單：它教會了我們如何做「人」的實驗！因爲人性不像物質世界裡那樣一板一眼的加減乘除現象而已。百年來科學研究的成果發現，人的心理反應常常是不合理性的規範。例如，一個人在街上無意中撿到了一百元，他開心極了，隔幾天後，他又撿到了兩百元，他並沒有因此加倍開心，所以從理性的觀點而言，這不是貪得無饜嗎？

也就是因爲人的行爲太容易被非理性的因素扭曲，所以人在做瞬間判斷的時刻，即使準備充分，也常會被臨場的氣氛「phyched-out」，而做出不合常理的決策。例如，我們系上的邱教授想買一部新車，他非常細心，以條理分明著稱。他左探右聽，也翻遍了「消費者購車指南報告」，終於挑中了某一廠牌的某一類型車，還沒買就已經聽他對該車型如數家珍：車身怎麼美、啓動怎麼順暢、又省油、又安靜，眞是天下第一車非此莫屬。

我有幸開車陪著他去車行買車，在路上他仍對即將到手的車讚不絕口，忽然間在街口有一部車拋錨在路邊，正是這一型的車子。邱教授沉默了幾分鐘，說他不想買這款車了，因爲它容易壞。我對他說：「根據你以前告訴我的所有統計資料，這型車的修護紀錄非常好，剛剛那部拋錨的車一定是個『特例』，不足爲怪的！」他兩眼一翻，悠悠的說：「那些統計大概都是假的，否則怎麼那麼巧，讓我一出門就看到一個特例呢？」虧他還是個在大學裡教書的教授呢！他忘了在這之前，他已看過多少部沒有拋錨的同型車了。但是人的思維體系，就是這樣經不起考驗的！

心理學家研究「人」的問題，對行爲發生緣由之不可測感受甚深。有些意識上明明邏輯清晰、論證分明的思路，常常在情緒激動的狀況下變得固執和自以爲是，把客觀的數據忘得一乾二淨。所以好的偵探小說，常常利用這種人性上的矛盾，佈下懸疑及線索。所以偵探小說的作者，必須勤讀現代心理學對人類思維特質的研究。（遠流《謎人》雜誌第六期，一九九九年八月）

9 心靈改革從學習樂觀開始

培養樂觀的心態，會使一時受挫的人相信，一時的挫折是可補救的，這種自信心的提昇，才能使結果反敗爲勝！

行憲紀念日的前夕（俗稱聖誕節），一群學生擠在我的辦公室裡談天。大家都說這是個「鬱卒」的一九九六年。

鬱卒的一九九六

印象裡這一年眞是災難連連，一點都沒有「步向民主」、「國運昌隆」的跡象。舉凡食衣住行育樂的生命大計，好像都出了毛病。食物中毒的事件頻傳，由小學生吐到大學生，甚至「喜宴」變成「死宴」都時有所聞；中秋節的月餅，因爲飼料奶粉的陰影，銷路大減；冬天到了，火鍋才上市，卻聽說茼蒿、柳丁等應景的蔬菜水果有太多的農藥殘留，只能望食興歎！衣著方面雖然越來越光鮮華麗，但紡織廠一家又一家的惡性倒閉，把家中面臨斷炊的工人逼上不得不「臥軌」抗爭的慘境。住更是甭提了，不但輻射屋逐日增加，而且火災頻頻，隨時有「人在家中住，火從天上來」的危機。至於行，塞、塞、塞，亂、亂、亂的局面是全省公路上的通病；台北的捷運更是「劫運」連連，隨時有變成「絕運」的可能。而我們的警政長官實話實說：家人不敢坐計程車！那麼走路吧，但是馬路上的斑馬線絕對是專整守法人士的陷阱！所以「行不得也」是常態而不是例外。

教育文化界總應該好一些吧?!也不盡然。教改會經過兩年辛苦的研討，所得到的結論已寫成厚厚的一本諮議文集。教育部對其建言也相當有共識，幹勁十足的新部長努力推動那部老舊的機器，可是人們期待的一些立竿見影的措施並沒有出現。中小學裡一連串的暴力與性騷擾事件，加上吸安與自殺的比率不止反漲，令人憂心。大學裡的作爲更是令人不敢恭維，儘管師資不夠整齊，但是爲了擴展資源，一些奇奇怪怪的系所都出現了；教師的聘任好像是卡位的遊戲，只要卡住一位則一勞永逸。沒有長聘制度，但是「不適任」教師這一名詞在目前的情勢下，是不太可能存在的；說眞的，所謂「教授治校」只是製造許多笑料而已！

運動與娛樂應該是振奮人心的活動。但是今年影藝界主持金馬獎大典的主席正在「跑路」，而漸成氣候的職棒也不時傳出賭博的風聞。KTV傳出的不是歌聲而是槍聲，電影院裡的影片多是色情加暴力，而電視螢幕上所見的大都是怪力亂神、胡鬧取笑的鏡頭。

政界更是亂得一塌糊塗。民選總統的風光尚未完全消化，各種政治體制就已經吵翻了天：是混合的改良式呢？還是越改越不良的混合式？還是看來看去，什麼都像又什麼都不像的「混沌」式（chaos）？國發會才開幕，就「省」、「國」對立，而中興新村頓時變成彈簧床的集散地。司法界掃黑掃白才剛剛有起色，卻又傳出檢察官的努力並沒有爲他們帶來升官的喜悅，只有被抽離所辦案件的惆悵。價值系統的混亂，英雄變狗熊，座上官變階下囚的吊詭，一再造成社會文化層面普遍的不安！所以「七力神光普照，太極隔山打牛，妙天蓮座開花，清海聚財有方」。人人都很願意犧牲今生今世的辛苦錢去購買後世的安逸，只要在台灣有山的道路上走一走，就可以隨時隨地看到農舍變精舍、山坡變靈塔的景象。可悲的是除了一般老百姓之外，管違建的官員總是睜眼說瞎話：「沒看見！」

學生說：「我們就是這樣長大的！」這讓我想起實驗室裡那一群「習得的無助」（learned helplessness）的老鼠，太多挫敗的經驗使得牠們喪失對生命掙扎的「意志」。把牠們丟到水裡，然後將牠們仲出水面的鼻子按下，一次、兩次，就不再見牠們掙扎向上的行動，大多數變成自殺的老鼠了。相類似的習得的無助感是否正侵襲著島上的每一位青年學子呢？學生又說：「那我們該怎麼辦呢？」我只得指引他們再去看另一組習得的無助的老鼠，如果在電擊即將來臨之前將牠們拖過閘欄，逃過電擊之苦，幾次之後，有少數本來表現得相當無助的老鼠有可能重建生命的掙扎力，牠們在以後的沉水實驗中也會表現出屢敗屢戰的戰鬥力。

所以我們不能被動的等待救世主的誕生，更不能期待奇蹟。我們要學習走出無助，要主動的積極參與社會的公益事務。我們要學會的是：一九九六的鬱卒是暫時的、過渡的，而不是普遍性的，也不是永久性的！

務實的樂觀是處方

丹尼爾．高曼（Daniel Goleman）的《EQ》（*Emotional Intelligence*；編按：中譯本時報文化出版）一書，在世界各地出版時，都引起相當多的注目，但它的中文版在台灣所造成的回應，簡直必須用「風暴」一詞才足以描繪。當然出版公司拋下大量資金，以全方位加多媒體的方式炒熱這本書上所提出的「情緒智慧」的概念，是使其在暢銷排行榜上居高不下的主要原因，但是從整個社會的立即且廣泛的接受情形看來，書裡面所揭示的種種概念，一定相當符合我們社會的「民情」，才可能產生如此一拍即合的迴響。

其實最近幾年來，台灣社會的動盪不安，已經讓多數生活在此一彈丸之島的人，感到維持身心平衡是多麼的不容易。物質生活的提昇相對的也造成多欲多求的緊張；習慣了「同村協力」的農業生活的人們，忽然要去適應「高樓深居無人問」的疏離；而到處是擁擠的感覺，也讓我們社會的一般人，越來越能體認個人情緒的經營，才是建立良好人際關係的要件。修心養性本是自古以來就有共識的理念，但現代人如果不能身體力踐，則日常生活中看到的、聽到的總是一些怵目（耳）驚心的訊息，心裡的鬱悶自不待言。長期累積下來的不滿、不安若不能排解，各種身心的問題就跟著出來了。

美國賓州大學（University of Pennsylvania）心理學教授馬汀・塞利格曼（Martin E. P. Seligman）博士認爲：「過去三、四十年，個人主義抬頭，親族與社區間的互動精神蕩然無存，造成人們在遇到挫折與失敗時，再也找不到支撐的力量。一旦你以爲失敗了，就再也爬不起來，甚至因之否定生命。人們學習了無助的感知，自然很容易因短暫的挫折而沉溺於絕望的深淵。」這一段話是他研究習得的無助數十年，並實際治療過許許多多的憂鬱症病人的經驗之談。看看我們目前生活的台灣，憂鬱症、自殺、吃藥的比率正逐漸增長，大家都有憂患意識，可是如何走出這習得的無助感呢？

塞利格曼的這一本《學習樂觀・樂觀學習》（*Learned Optimism*；編按：中譯本遠流出版），教人如何走出無助感的方法（從個人認知的歷程上去改變對當前情勢的解釋），並提出務實的樂觀這一個概念。所謂務實的樂觀是指面臨挫折仍能堅信情勢必會好轉，也就是說樂觀的人認爲失敗是可改變的，因爲當前的不幸不是永遠的、普遍的，也不完全是個人的無能所引起的。這種樂觀是讓困境中的人不至於流於冷漠、無力感、沮喪的一種心態。培養這樣的心態會使一時受挫的人願意積極地擬定下一步計畫，相信一時的挫折是可補救的，這種自信心的提昇才能使結果反敗爲勝！

從身心健康的角度看出去，現代人的特徵是焦慮，而後現代人的特徵則是憂鬱。目前台灣的社會、文化、教育、政治、法律等各方面都好像在轉型的過程中，使一般人既焦慮又茫然，而更多的是不知所措的鬱卒。也因此，由上而下，由內而外，大家都一再強調「心靈改革」的立即性與重要性，而答案則是如何建立樂觀積極的人生態度。塞利格曼的這本書，正好爲「心靈改革」提供一套務實的方法——學習樂觀、樂觀學習。（《學習樂觀・樂觀學習》推薦，一九九七年二月）

10 向神挑戰—演化論的生命史觀

近代生物學大師格士林說：
「你若想眞正了解生物學，唯有研讀達爾文的原著——《物種起源》。」

一般的偉人只有兩種百年祭：百年誕辰紀念日以及逝世百年的追悼日。但演化論的創作者達爾文（Charles Darwin）卻有三種百年祭，第一個是一九〇九年在英國劍橋大學舉辦的百年誕辰紀念會，與會人士一致肯定達爾文的「演化論」是劃時代的貢獻，這是不容置疑的。但是從會後整理成集的論文中，卻又看出大部分的學者仍然固守拉馬克（Chevalier de Lamarck）式的演化觀，也就是說，他們對達爾文的「天擇」的機制不甚了了。（或者應該說，他們對達爾文理論中的那個沒有特定目的的自然選擇的機制沒有足夠的信心！）

達爾文的第二個百年祭是在一九五九年，是爲紀念他的著作《物種起源》（*The Origin of Species*, 1859）出版一百年所舉辦的盛會。與會的學者都是十足的達爾文主義者，因爲從孟德爾（Gregor Johnann Mendel）的基因理論到ＤＮＡ的研究都指出，後天習得的特性（acquired characteristics）是不可能遺傳的，因此拉馬克式的演化觀就絕無立足之地。也就是說，在達爾文一百五十歲的時候，他理論中的最核心的機制——「天擇」的概念，才眞正落實在每位生物科學家的思想體系中。

第三個百年祭是在一九八二年的四月十九日，是在達爾文逝世百年的日子裡，世界各地的學術界不約而同地舉行一系列的追悼會，並邀請不同學科的研究者，就其本身的專業來評論達爾文的學術論點，以及對當代科學的影響。南加州各個大學的聯合紀念會在聖地牙哥舉行，主持人是諾貝爾獎的得主克里克（Francis Crick，ＤＮＡ的雙螺旋模式的發現者之一）博士，他開宗明義的說：「ＤＮＡ的發現對於演化論體系而言，應該是個虛懷若谷的開始而已（humble beginning），但沒有達爾文演化論的體系，這一切的細節都沒有意義了！」

這三個百年祭，紀念其生又悼念其亡，但第二個百年祭強調的是對其著作的讚賞。可是我們不得不問：「達爾文在一八四二年就完成了論文，爲什麼到了一八五九年才發表？」達爾文自信其理論的開創性，但他也自知其演化論會引起社會大衆（尤其是教會）的不安。他在給友人的信中寫道：相信物種的演變就好像「承認了謀殺罪」一般。有許多爲他寫傳的人都說他患有心理學上的焦慮症（hypochondria），也因之而引起生理上的衆多症狀。這些都可能因爲他對演化論產生罪大惡極的不安所致。假如他沒有被華勒士（A. R. Wallace）寄來的論文（華氏提出相似的演化論觀點）驚嚇到，《物種起源》一書的出版就得延後廿五年。

就某一意義而言，要說明物種原始一書對整個生命科學界的影響是輕而易舉的，概括一句話就是「精深博大，無遠弗屆」。演化論使人們對宇宙、對生命、對社會、對歷史的看法都起了革命性的變化。但達爾文主義並沒有解除現代人的疑惑，反而更加深了疑惑。它給生物學帶來了牛頓（Isaac Newton）式的革命，將自然的神祕外衣又剝去了一層，同時把演化的機制修正爲「物競天擇」的簡單法則。人類的出現被視爲整個演化系統的一個小部分，絕對不是什麼超自然的神意所主導。

另外要再次強調的是，達爾文本人徹徹底底是多元方法論（pluralistic methodology）的擁護者。在他的研究生涯中，曾經使用過許多不同的方法，包括嚴格控制量變化的實驗法、隨意的觀察、田野觀察法，以及小心仔細的特質比較法。舉例來說，從他那本有名的《人與動物的情緒表達》（*The Expression of the Emotions in Man and Animals*, 1872）一書中，你會發現他採用了很多道聽塗說的證據來描述動物行爲，但同時他也仔細地蒐集其他來源的證據以增加可靠性，對於蒐集證據，他永遠不厭其煩。

更令人欽佩的是他的方法經常是富有創意的。例如他曾研究先天性盲人的各種表情，因爲這種人無法藉直接的觀察而學得他人的臉部表情。這是一個非常有創意的方法，尤其是對於因害羞或窘迫而臉紅這種反應而言更是如此。因爲其他的表情，盲人也可能藉由手的觸摸而感覺到別人臉部肌肉的變化，但臉紅這一現象是盲人看不見也摸不出的。因此他們如果也會有因害羞而臉紅的現象，則這種表達情緒的方式必定是與生俱來的了。像這樣爲自己的論點細心地蒐集各方面資料，是達爾文所有著作的共同特色，也是他在方法上的長處。

最後我想引用近代生物學的大師格士林（Michael Ghiselin）的話來結束本文：「你若想知道更多的生物現象與事實，則不妨多多閱讀最近的研究學報上的論文；但你若想眞正了解生物學，則唯有研讀達爾文的原著——《物種起源》。」（*The Origin of Species* 導讀，一九九五年十月）

第2篇

科學之奇

1 體型決定速度

暴龍哪有可能跑得那麼快?!

電影《侏羅紀公園》(*Jurassic Park*)中最令人印象深刻的，是那些栩栩如生各式各樣的恐龍，牠們或成群漫遊在草原上，如迅猛龍；或在廣大的沼澤窪地中蠕走，如雷龍；或者如暴龍，飛奔追逐吉普車，翻躍空襲劇中的小孩子，尤其後者的兇猛噬血令人每回想起都不得不心有餘悸。但是你曾經想過暴龍飛奔的畫面有哪裡不對勁嗎？平心靜氣仔細想想，你眞有看過跑得很快、跳得很高的大胖子嗎？你仔細看看，奧運比賽的短跑健將中，有哪一個是體型很大的肥胖者？再仔細瞧瞧，那些場上的健將，哪一位腿上的肌肉不是結實飽滿的呢？暴龍的後腿雖然看似壯碩，但是與其六千多公斤的龐大身軀相比，實在微不「足」道！牠跑得動嗎？牠可能飛奔且作出鷂子翻身的動作嗎？才怪！

但是電影是夢工廠（DreamWorks）的傑作，他們編的故事經常有想當然耳的浪漫情懷，用以加強娛樂的效果，只是科學界卻不應也不能一味討好而照單全收。因此當科學家看到有著笨重體態的暴龍卻跑得那麼快時，就不得不質疑它的可信度。加州的兩位生物學家，從機械組合與所能產生多少力量的觀點，去估算動物跑步的速度，他們發現，一隻動物的腿部肌肉（尤其是兩腳直立行走的動物）必須壯碩結實到可以支撐身體的兩倍半時，才有跑得動的可能性。所以，鷄的兩條腿又結實又碩大，才能使鷄跑得又快、跳得又遠；而從恐龍化石所顯示的機械條件上，根本看不出暴龍有快速行動的可能性，遑論奔跑！

這篇研究論文發表在二〇〇二年二月的《自然》雜誌（*Nature*）上，當然引起古生物考古學家的不滿。他們有人指出，從最近英國發現的腳印化石上，推斷暴龍一小時可以「跑」二十九公里，甚至另外有學者估算到一小時七十五公里，但是這兩位生物機械工程師都不為所動，他們以自己的公式算出，暴龍必須每條腿都有全身重量的四三%，才可能一秒鐘跑二十公尺，以目前出土的暴龍骨頭來看，那樣的比例簡直就是不可思議。所以，以暴龍肥胖又龐大的身軀，充其量只能安步當車，慢慢的行走。

又有人反駁，如果暴龍不能夠快步奔走，牠怎麼可能捕捉得到其他動物充飢？這樣的想法也很可笑，讓我想起了一個故事：兩個小孩在森林裡碰到一隻熊，熊奔跑的速度遠比他們還要快，一個小孩心想反正跑不過牠，乾脆放棄逃跑，另一個小孩穿起草鞋拔腿就跑，這個小孩問他的同伴，反正你又跑不過熊，為什麼還要白費力氣？他的同伴回答說，我只要跑贏你就好了！所以我們就不必為暴龍擔心了，因為當時所有的恐龍都有龐大的身軀，絕對有比牠走得還慢的。

下一次，眞有暴龍出現在你眼前的時候，不必害怕，你絕對跑贏牠！（《科學人》雜誌，二〇〇二年六月）

2 莎翁之謎在於心

We are the miracle makers!

一位在波士頓攻讀哈佛大學（Harvard University）醫學院博士學位的楊姓醫師，神采奕奕地走進我的辦公室。我一見他，就有似曾相識的感覺。他走上前來，迫不及待從包包裡拿出幾篇他發表在幾份重要物理學期刊上的論文抽印本，還附上波士頓當地報紙《波士頓環球報》（*Boston Globe*）的一篇報導，報上對他的論文大爲稱讚，因爲他所寫的一個有關偵測心臟疾病的心電圖的程式，居然對文學產生了意想不到的影響，解開了幾百年來有關莎士比亞（William Shakespeare）作品眞僞的一些爭論。

我讀了眞是興趣盎然，遂抬頭說：「願聞其詳！」楊醫師隨即在桌上架開他的電腦，以繽紛炫麗的圖表向我做了一次非常美妙的簡報。首先，他秀出一張張心電圖，描繪我們生理變化的一些跳躍、動態的線條，所產生的美麗波紋。楊醫師繼續說明，每兩次心跳之間會出現一組波動，如果波形規律，則波與波之間的相互關係就很高，不確定性低；若發生亂波，則不同波之間已無相關，不確定性就提高，可做爲心臟病發作的預警。他以此概念寫了一個電腦程式，計算出各種波形之間的相關性，並比較心臟病發作前後心電圖的波動情形，以了解啓動這些不同波形的生理變化的相關性。楊醫師和他的同事拿這套程式來測試病人，發現所模擬的結果和實際病人發作的結果非常吻合。

從資訊理論的觀點來看，這個公式是一個不確定狀的測量，在一組不同部件共同運作時，假如相互之間的運作規律是相同的，則這個組織是完善的；反之，如組織出現漏洞，就會有不和諧的運作。這個程式因爲能夠計算出不同組合之間的相關性，所以有很好的應用價值，不一定只針對心跳。例如在西洋文學作品裡，十六世紀著名的戲劇《愛德華三世》（*Edward III*）究竟是不是莎士比亞的作品，一直是非常有爭議的，能不能用這個公式去解開四、五百年來的文學之謎呢？

楊醫師根據上述想法再加上他設計的公式，將一些文學作品裡的詞彙加以分析，如計算英文the、of、to、as等常用字的使用方式，它們的規律性可反映出一個作者掌握文字的功力和個人的喜好。他得出的結果是，《愛德華三世》和莎翁的其他劇本的相關性非常低，反而與當代另一位作家馬羅（Christopher Marlowe）的作品有極高的相似性，證實了好多文學評論者在多年前就提出的懷疑：《愛德華三世》是馬羅而非莎翁的作品。

有了初步的成功，楊醫師進一步分析在文學作品中的其他爭論，他和同事收集了五十篇十六世紀包括莎士比亞、馬羅、佛萊徹（John Fletcher）、班・強生（Ben Jonson）這四個作家的劇本，隨機的交給電腦去計算處理，分析後得出一個相關的樹狀圖，而且很準確的產生四個群聚，恰恰就是莎士比亞、馬羅、佛萊徹、班・強生四個人，每部作品都正確的落在該作者的群聚中。再仔細看，樹狀圖中每個大枝叉又分出小枝叉，集聚在一起的，都是同一年代的作品。這是很合理的，因爲詞彙反映了時代的變遷，以及變遷中作家注意的事項。這樣的分析方式非常科學，也非常正確，而且讓人一目瞭然！特別的是，《兩貴親》（*The Two Noble Kinsmen*）當時被列爲是莎翁的作品，卻在這個分析中被踢了出來，而歸類爲佛萊徹之作。這個程式又再一次準確的描繪出一個事實：多年來很多學者認爲，該劇本應是兩人所合寫的。

這個程式有這麼好的結果，能不能也重複印證像《紅樓夢》這樣一部小說有兩個作者的作品呢？楊醫師逐回分析《紅樓夢》，結果同樣證實前八十回和後四十回確實出自不同人的手筆。更有趣的是，研究發現，前二十回和後面六十回的相關性也頗低，顯示似乎是另一個群聚，難道前二十回不是曹雪芹所寫的嗎？當然，我們知道現在市面上看到的版本是經後人修飾過的，但紅學專家們，也許你們可以爲我們解這個謎！

不只是心跳、不只是文學作品，楊醫師和同事對美國建國時期的一些文獻，也做了分析。而且正確無誤的把當時爭論得非常厲害的十二篇文章的作者，都歸給美國第四任總統詹姆斯・麥迪遜（James Madison），現在有很多文獻考古專家，也有相同的結論。楊醫師的電腦程式，一再證實考古的結果。

自然的規律眞是無所不在！一個用來偵測心臟的心電圖的程式，竟然可以這麼廣泛被應用在文學作品的分析上，我們不得不對人世間的共同規則感到敬畏。我眞的被這位醫師的熱情所感動，再仔細一看，他原來是我當陽明大學校長時的一位醫學系學生，他的成就讓我與有榮焉。教育，就是希望看到一個可能被發展的心靈，眞能發展他們的潛力！也許，我們這些做研究和教學的人，最感到滿足安慰的，是隨時得以和無限創意的心靈對話。教育，不就是不停地創造更多的奇蹟嗎?!（《科學人》雜誌，二〇〇三年九月）

3 也是城鄉差距

唯有科學才能了解生命，保護生命，進而設計美好的生命！

「如果你有一棵小樹苗，希望它長得又快又大，你應該把它種在城市裡，還是種在鄉下？」

我拿這個問題在校園裡問學生、問老師，在路邊問小攤販，在車站裡問乘客，也問開車的司機，更問了玻璃窗後的售票員（雖然她白了我一眼），我逛到市場裡問賣菜的、問賣肉的，也問搬運貨物的工人，我逢人必問，在熙攘的人群中，也在遊人稀疏的河堤旁。最後，我問到研究植物的教授與研究生，他們以爲我在開玩笑，但仍然很客氣地說：「那還用問嗎？」

顯然的，我是問了一個笨問題，幾乎所有的答案都說：「當然種在鄉下！」因爲空氣清新、陽光充足？只有一位小學生以腦筋急轉彎的方式回答我：「種在城市裡。因爲鄉下樹太多，沒有人會注意到它！」

我非常不滿意上述那個似乎是大家都同意的答案，因爲與我個人的經驗不吻合。十幾年前，中正大學在嘉義民雄的鄉間成立，我們在校園裡種了上萬棵樹，幾乎在同時，台北的大安森林公園也種了數以千計的樹。那些年我在中正大學教書，偶爾回到台北開會，總是感覺大安公園裡的樹好像長得快一點也大一些。現在我在台北教書做研究，偶爾回到中正大學，走進校園，看到當年親手種下的樹也都長大了，馬上感到「十年樹木，百年樹人」的驕傲，但回到台北，走到住家附近的大安公園，卻仍然覺得裡面的樹確實是比中正校園相同的樹木高大一些。雖然我也深切知道個人這個城鄉落差的印象並不一定可靠，但多年來這個感覺一直揮之不去，最近一次來回台北、民雄兩地，疑慮越加深刻了，遂一不做二不休，決定自己做個實驗找出答案，以解決這長年干擾我的疑惑。

我才開始做文獻的搜尋工作，就馬上發現一群在美國俄勒岡州（Oregon）的研究者竟然也在關心同樣的問題，而且早已進行多年的實驗工作，這眞是「吾道不孤」，更應證了「太陽下沒有什麼新鮮事」的說法。答案已經揭曉，就在眼前，只要研究的品質夠水準，實驗的結果可靠且經得起考驗，則成事不一定在我，享受他人的研究成果，也是一項樂趣。

但這一群研究者是怎麼做的？他們選擇北美常見的三角葉楊（cottonwood）作爲實驗的對象，爲了達到「起始點的平等」，先以基因工程的技術，複製了許多基因完全相同的種子，培育出小樹苗；並從同一地點挖出泥土，分裝到一堆大小相同、形狀也一模一樣的桶子裡；最後將相同基因的小樹苗種在桶子裡，一半放在城裡（紐約市）商業廣場的角落，另一半就散佈在幾個鄉下（紐約州的小鎮）同類商業廣場的相同地點。除了空氣之外，盡量使城市和鄉間的生長條件一律平等，每天的澆水量也嚴格的控制，並登記風吹、雨打、日曬的時間與數量。在七月種下、九月檢驗成長的情形，連續三年的觀察後，研究者發現城裡的樹確實長得較快、較大，葉子也較繁茂，相差將近一倍。但爲什麼呢?!

他們仔細分析可能影響生長的各項條件，水量、土壤、品種、病蟲害等都盡量被控制住了，兩邊確實沒有顯著的差異，唯一沒能控制住的，就是空氣的品質，但是比對三年來兩地空氣中的十八種汙染源，唯一產生顯著差異的只有一種，就是鄉間的臭氧比城裡高出許多（28ppb：16ppb）。臭氧對於植物的生長具有抑制作用，這在後來的實驗中也一再被證實了，而原來城裡的臭氧被其他的汙染質給沖淡了，長在城裡的樹木，因減少臭氧的抑制，也長得更高大了。

所以生命的現象眞的很詭異，尤其現代科技急速進展，使生活環境變得更錯綜複雜，表面的知識常常不很準確，因此，我們對生命的詮釋要更加小心。科學是黑暗裡的一盞明燈，引導我們緩緩前行，唯有科學才能幫助我們了解生命，保護生命，進而設計美好的生命！

（《科學人》雜誌，二〇〇三年十一月）

4 鳥事知多少？

建疆土、學雙語、找生機，鳥的能耐可不小！

朋友的實驗室在美國舊金山金門公園旁的加州大學，趁著月底到芝加哥開會轉機的空檔，特別去看看他。一走進金門公園，就感到春意盎然，滿園花團錦簇，但最感到親切的還是那此起彼落的鳥聲啾啾。啊！久違了，白冠麻雀（white crown sparrow），眞是久違了，你們好嗎？你們的歌聲如此熟悉，二十幾年前，爲了研究，我天天聆聽你們先祖父們保疆育子之歌，如今乍聽這些老歌，不禁令我爲之心馳神往，思想起那些昔日朝夕相伴的老鳥友。當然，牠們大都已仙去，而我也是二十年太平洋兩岸奔波，已白少年頭了。

那是一九八一年，我在加州大學柏克萊分校（University of California at Berkeley）的語言學系教一門「語言的生物基礎」，班上五十幾位學生，加上幾位旁聽生，統統要參加一項「鳥語研究」的學期作業，也因為這樣，我才有機會結識你們的先祖們。那時候，我們天未亮就起床，在太陽還沒出來以前就要在此找個地點就位，一手望遠鏡，一手錄音機，仔細紀錄下每一隻鳥（你們的先祖們哪！）的藏身之處。我們通常拿一根細長的竹桿，上頭綁著一隻與你們長相完全相同的公白冠麻雀標本（喔，對不起，沒嚇著你們吧），在牠身上纏著一個小擴音器，接在錄音機上，我們在遠遠的地方一按鍵，牠就會唱出和你們一模一樣的歌聲，然後我們讓牠在某一處有鳥藏身的樹叢附近晃盪。

我們發現，標本鳥不唱歌時，就算牠在樹叢旁繞來轉去，鳥主人理都不理牠；但只要牠高歌一曲，乖乖不得了，樹叢裡的鳥就氣得抬頭怒目以視。再唱？為保疆護巢，那就只有飛出大打出爪更出嘴了！我們不能怨人家，怪只怪「標本」鳥闖進牠的勢力範圍大唱求偶歌。於是，我們設計讓標本鳥以Z字形方式一進一出，只要一出聲，對方立刻打過來，就表示在勢力範圍內；如果出聲，對方卻無動於衷，則不在牠的疆土上。我們找出Z字每一筆劃的中點，再把這些點連起來，就是那隻鳥的國土。很不錯吧！不用問你們（你們也不會說的），我們就可以測量出你們每一隻鳥的勢力範圍之所在哩。

記得那一年，我們確實用此方法量出你們先祖的每一個勢力範圍。但讓我們百思不解的是（到現在仍是如此），每個圖形都不一樣，而且好像沒有規則可言。我記得你們有一位先叔祖，就築巢在懸崖邊，牠的勢力範圍竟然沿崖壁而下約二十公尺深、一公尺寬，是一個懸在空中的長方形，你說怪不怪？也毫無道理可言。你們現在也一樣各自盤算，自己劃了就算？

談起你們先祖們的趣事，眞是三天三夜也說不完（而我還要去趕飛機呢）！你們應該知道，你們有一群親戚就住在舊金山南部靠近得利市（Daly City）的雙峰山區，那裡很乾燥，樹叢長得稀稀疏疏，遠遠的都能看到藏在裡面的鳥巢。牠們唱的歌和你們很像，一樣的長度（大約兩秒鐘）、一樣的音節變化，但排列次序卻不相同。我因聽慣你們的歌，所以聽到雙峰山區的鳥歌，就覺得格格不入，好像到了另外一個國度，原來你們也各有方言！有一次，一位相當有名的鳥語研究專家在兩地之間抓到一隻公鳥，牠往北就唱金門公園的歌，往南就唱雙峰山歌，充分表現了雙語的能耐呢！你們這一代的鳥也要學雙語嗎？有什麼好處呢？從求偶的觀點，是否因此就可以「南北通吃」，以求多子多孫呢?!

說到傳宗接代的大事，讓我想起十幾年前的一段往事。那幾年，加州連續乾旱，使得原本就是沙漠而必須靠北水南引的各水庫吃緊，很多城市都採取嚴格禁止浪費用水的措施。車不能洗，草地不能澆，洗澡盡量不浸澡盆，游泳池放水就根本不必談了，連沖馬桶都有一定的規矩。有一道順口溜很傳神：「When it is yellow, let it mellow; when it is brown, flush it down.」可以想像乾旱之可怕，那幾年加州人眞是談「缺水」色變呢！你們知道你們的先祖們是如何應付這些「壞年冬」嗎？眞是南轅北轍，各顯神通！

原來，每年四月初到七月底之間，你們平均下了七次蛋，其中大概有四個蛋會存活成鳥，其餘的則被掠奪者（貓、蛇、貓頭鷹、小孩等）襲擊而夭折。當乾旱來臨，樹叢萎縮，連北方靠海的地區都長不好時，你們的先祖們也感受到養不活小孩的壓力，就開始保存實力，每年只下三到四個蛋，然後全力照顧，期望能好好養活二至三隻成鳥。但南部的雙峰山區本來就比較乾燥，本來就很難養活這六、七個蛋，旱季來臨更是雪上加霜，養活四隻的可能性很低，所以乾脆來個完全令人想像不到的策略，採取多生的方式，從四月開始就不停的生，一連下十一、十二個蛋，然後任其自生自滅，期望至少有二、三個會存活下來。

你們那些生長在富裕地方的先祖們，和一向較習慣於窮困的親戚們，採取了兩種完全不同的生育策略以應付「歹年冬」。前者重質的教養，後者重量的擴充。我們人類社會好像也有相似之處，資源多的地區，生育率很低，窮困不足的地方，卻拚命生小孩。也許我們和你們眞的有某些共同的基因，在規範我們的生育政策哩。很有趣吧！

天暗了，聽不到你們的歌聲了，我這廂喃喃自語前朝舊事，你們可聽見了？看來，你們都回巢了，我也必須趕往機場，也沒有時間拜會朋友了。只是在這春末夏初的夜裡，忽然聞歌思鳥，前情種種，不能忘懷，是爲記！（《科學人》雜誌，二○○四年七月）

5 兩性生命延續的遊戲

男歡女愛的終極目標是在確保個人生命的永續發展，
愛情遊戲不過是爲了滿足私慾又不願破壞社會秩序的障眼法。

「問世間情爲何物？」

如果你不是對生物的演化理論有些了解的話，這本書的內容是絕對會讓你大吃一驚的。如果你沒有對現代的兩性關係有些微見識的話，這本書所描繪男歡女愛的各個場景，絕對會把你嚇壞的。但是如果你能「靜」下心來，不要對兩情相悅的動作有太多的遐想的話，那麼你一路讀下去，將會對萬物生存的最奧祕處，有新的科學詮釋。

小時候讀生物，老師會帶領我們到處去觀察植物的各種特性，其中最讓我百思不解的就是爲什麼教室旁邊的那棵木瓜樹總是不能結果，而老師的答案是附近沒有木瓜樹。後來又有其他的高年級同學說，必須附近有「公」的木瓜樹，我們這棵「母」的木瓜樹才會開花結果。書本上說，木瓜是兩性生殖的植物。這件事也一直讓我百思不解，直到對生物演化的學說稍有涉獵之後，才開始對單性與兩性之生命延續的遊戲，有初步的了解。

爲什麼要有兩性生殖的演化結果呢？一般來說，對單性生殖（如有些甲蟲或蜥蜴）而言，最嚴重的致命打擊，主要是來自本身基因的突變及寄生蟲的滋生。如果把這兩個負面因素列入考量，再加進環境突然發生巨變的可能性，則答案就很顯明了——兩性交配才能保證多子多孫！

所以，男歡女愛的終極目標是在確保個人生命的永續發展，而兩性之間的各種愛情遊戲實在是爲了滿足私慾而又不願破壞社會秩序的障眼法而已。這樣的說法並不是有意貶低羅密歐與茱麗葉似的愛情故事，而是科學家在求眞求圓滿的理念中，必須要建構一套前後呼應、內外交融的理論，來說明爲什麼男性在射精時的精子數量，居然會和做愛對象的卵之成熟度有關，也必須要解釋爲什麼猴子、獅子都會有「殺嬰」的現象?!此外，當母體的子宮竟然變成不同雄性精蟲的殺戮戰場時，科學家除了在顯微鏡前目瞪口呆外，哪裡還會對柏拉圖式的愛情有任何憧憬呢？

第一次看到《精子戰爭》（*Sperm Wars*；編按：中譯本麥田出版）這本書，被它的書名所吸引，翻開書來仔細閱讀，也眞是爲其中赤裸裸的語言文字感到心驚膽戰。但這每一個讓人臉紅的故事背後，都有一些生物演化上的學理，由作者羅賓・貝克（Robin Baker）穿針引線地織起了花團錦簇的兩性性愛連環圖像。書裡的人物都是虛擬的，但愛情、偷情的攻防策略，卻是逼眞得令人不得不相信他們確實反映了現實世界裡那一再演出的愛情故事。最令人心驚膽戰的是這些故事的場景幾乎是無所不在，是有意識狀態下的產品，也是下意識的產品。人的行爲既是生物性的天擇產品，也充滿了社會性互動關係。社會生物學（sociobiology）曾經企圖解釋生物界裡「犧牲小我，完成大我」（altruism）的高貴行爲爲何出現的原因，如今，更要爲男女之間的愛情，找出生物的演化機制。做爲一個科學家，這本書令人激賞，但對大多數人，也許純生物的詮釋確實會令人消化不良，但無論你喜歡不喜歡，都不可以把這本書看成黃色作品！

我自己很喜歡這本書，它的內容非常奇特，推論非常科學，而書裡故事，也安排得頗費心思。中文版譯筆也相當流利，眞是一本值得仔細閱讀的書——就是不可以臉紅喔！（《精子戰爭》書評，二〇〇〇年三月）

6 科學家也是偵探

福爾摩斯是名偵探，也是個業餘的化學科學家。兩者的重心都是在找證據以證實自己的猜測。

人們喜歡看偵探小說，是因爲人的認知系統必須靠接觸新奇（novelty）去啓動，才會使心血加熱、情意提昇。懸疑的情節會使那些激起情意的化學物質在腦神經中活動，因而引起緊張，像是一把越調越緊的弦，緊緊的弦會帶來隱隱約約的快意。懸疑盡頭的結局，不但會讓讀者解惑，也會讓他們享受到緊張過後的鬆弛快感。然後就是一陣事件完結後的悵然。必須一切從頭再來，否則就會鬱卒好幾天！

你信不信這一切都是化學作用在腦神經中的表現？而這些神經傳導物質（neurotransmitters）的發現，本身就是一則最佳的偵探故事！一九二〇年，德國的奧圖・羅威（Otto Loewi）根據前人的理論，推測在神經元（neuron）與神經元之間一定是靠化學物質的活動來扮演溝通的角色。問題是這個猜測如何才能被證實呢？羅威把兩個青蛙的心臟取出泡在A、B兩個瓶子裡，兩個心臟仍然會繼續跳動一段時間。A瓶內的心臟保留其迷走神經（vagus），而B瓶的心臟把迷走神經切除，在當時已經知道迷走神經會抑制心肌使心臟的跳動減慢。羅威先用微電擊去刺激迷走神經大約半個小時，使泡A心臟的液體發生化學變化，然後把這些液體倒入B瓶中。很有趣的，B瓶內的心臟跳動就忽然慢了下來，這表示A瓶中的迷走神經在接受刺激時，會放出某種化學物質使心跳減速，而這種物質確實可以使另一個沒有迷走神經的B心臟慢下來。這個發現證實了神經傳導物質的化學作用。

所以福爾摩斯是名偵探，也是個業餘的化學科學家。兩者的重心都是在找證據來證實自己的猜測。做爲讀者，在懸疑與解惑之間，就只有任由腦神經的化學物質帶著我們的情緒起伏不定！（遠流《謎人》雜誌第四期，一九九八年十一月）

7 語言的線索

語言學的大師喬姆斯基曾說：「語法是心智的視窗」，我覺得可以再加一句：「語調是心靈的表徵」。

很多科學家喜歡看偵探小說，因爲他們對線索與觀察之間的懸疑有共同的喜好。語言學家喜歡看偵探小說，因爲解謎之鑰常常隱藏在句子的迴旋或說話的抑揚頓挫之間，讀起來令人回味無窮。我喜歡偵探小說，因爲我就喜愛那懸疑的氣氛，又常常爲作者安排句子時所用的巧思所醉倒。所以，你應該猜到了：我就是個研究語言的科學家！

說到句子的安排，就不由得想起了桃樂思・賽兒思（Dorothy L. Sayers）在《俗麗之夜》（*Gaudy Night*）中一段精彩的對話。主人翁當然是那位業餘的偵探彼特・溫西爵爺（Lord Peter Wimsey），他是個有品味的高雅之士，又有些玩世不恭的心態，偏偏他望盡桃花無數，最後卻愛上一位個性倔強、行事獨特的女作家（專門寫偵探小說！）哈芮特・范小姐（Harriet

Vane）。他追她追得好苦，無論在偏遠的小漁港，或在繁華的大都會，還是在牛津大學那莊嚴肅穆的學院中，彼特總是充滿了期待。被追求者的一言一語，讓追求者牽腸掛肚是免不了的。有一次惡賊侵入哈芮特的房間，把一些裝飾品及紀念物件打得支離破碎。哈芮特拿起一套被摔壞的象牙棋盤傷心的說：「我好喜歡這套棋具，而且它也是你送給我的！」這兩句話聽在彼特的耳裡，他就知道他的追求仍停留在「尚未成功，仍須努力」的地步。他非常感慨的說：「我多麼希望妳剛才說的那兩句話的次序是反過來的！爲什麼妳不是說『那是你送我的棋具，而我是多麼喜歡它』呢？」

看到彼特因爲這兩個「子句的前後次序」所引起的煩惱，我們這些研究語言科學的人，不由得會因體會他那股期待的心情，而感到一絲溫馨。好的作家在文句的安排上，是會令人感動的！好的偵探小說作者，更會把線索埋伏在說話的抑揚頓挫中。有一次讀阿嘉莎・克莉絲蒂（Agatha Christie）的一篇謀殺小說，就爲她在字詞上的用心與巧思而感動不已。那一回，她敘述一位老太太忽然想起謀殺現場的一個細節。她說：「She is there!」（她在那裡！）。這三個詞——she、is和there——在句中的地位代表了三個可能性，可以作爲「誰幹的」的線索。如果說話的人把重音放在she（她），則重點是「**她**怎麼會在那裡？」如果重音在is，則重點變成「她**確實**是在那裡嘛！」如果重音在there，則重點變成「她怎麼會在

那個地方出現呢？」在說者無心、聽者有意的情形之下，這位老太太就一定難逃被「做掉」的命運。

這些年來研究語言心理學，常常在閱讀偵探小說的時候得到靈感。語言學的大師喬姆斯基（Noam Chomsky）曾說：「語法是心智的視窗」，我覺得可以再加一句：「語調是心靈的表徵」。也就是說：一開口，便知有沒有？Right ?!（遠流《謎人》雜誌第二期，一九九八年一月）

8 聖戰千秋——心靈啊！心靈，你爲何如此不生氣？

眞理只有一條：「信仰的失敗，惟有用比以前更多更強的信心才能補救！」信不信由你！

一九八七午一月底，電視明星傳教士大嘴巴羅勃（Oral Robert）牧師，氣急敗壞地出現在電視教會的神壇上，向電視機前的信徒發出緊急求救令：「上帝昨夜對我啓示：一個星期之內，我必須向大家募款九百萬美元，以做爲在加州沙漠中建立神教大學的基金；若不能獲得此項款數，則祂將召回我的身軀。爲了不使你們親愛的兄弟魂歸離恨天，請大家告訴大家踴躍來捐款。」

這一段天方夜譚式的見證，不但荒天下之大唐，也實在是肉痲當有趣的捐款啓事。依常理判斷，在號稱科學昌盛的美國，民衆總不會把它當作有稽之談吧！事實不然，大嘴巴在電視上宣告後的兩天裡，善男信女果然踴躍捐款，五十元、一百元、五百元的支票如雪片飛來，為郵局的工作人員增添不少工作。一下子，數百萬元就飛入大嘴巴牧師所屬的教會。

攻擊聖樂飄來飄去

即使如此，一個星期內，總款數仍然不足九百萬元的預期目標，但四、五百萬元雖然蓋不了大學的校舍，「搭」一間使人住得安穩舒適的大廈，總是綽綽有餘吧！而且名正言順的就叫做「神教大學臨時籌備委員會辦公大樓」，大嘴巴牧師身為主任委員，當然更應該暫時屈居該大樓，以便隨時敦促監導建校事宜。正當大嘴巴牧師躊躇滿志，得意非凡的時候，忽然有記者問他一個既殺風景又不識相的問題：「你不是說籌款不足，就自殺以謝國人嗎？」大嘴巴牧師對這麼一個「沒有常識」的問題，非常生氣，拒絕回答。場面尷尬之際，當場就有教友代答：「有了初步的基金，又成立了臨時委員會，目前更在興建第一棟氣派宏偉的辦公大樓，這表示建校大業，正有起色。在『籌款尚未成功，信徒仍需努力』的時候，我們的主委更不可輕言犧牲，否則就愧見我主了。阿門！」

大嘴巴的奇蹟，使得其他教會紛紛眼紅，表面上神聖祥和的各教派，為爭取更多的捐款，暗地裡相互鬥法。攻擊的聖樂，在幾個電視傳教台上飄來飄去：「我的神，要你捐錢；你的錢要來維護我們的神。他的神，最好不要給祂錢；你腰包若有錢，還是捐給我來為你蓋一個地上的伊甸園。」你爭、我奪，口出、嘴返，眞是聖戰不斷！

在爭爭吵吵的惡鬥中，就抖出了一段花邊新聞：在北卡州主持「讚美上帝」教會（Praise The Lord, PTL）的吉米・貝克（Jim Bakker）牧師，居然在邁阿密近郊的旅館裡強姦他那位年輕貌美的女祕書。而本來「用錢就可以擺平的小事」卻又因爲太過大意（吉米一向自比天人，對女祕書施點甘霖，算得了什麼）與延遲了遮羞費的給付，女祕書在人財兩失的氣憤之下，一狀告到教會總部。這時候，另一個電視明星傳教士吉米・施歪哥（Jimmy Swaggart）牧師，立刻大打落水狗，但見他在電視特寫鏡頭前，兩眼如銅鈴，聲音如激雷般的指責那另一位吉米，這正義之聲響徹全國。

而在美國廣播公司（ABC）的夜線追踪之下，不僅揭發了吉米・貝克牧師「性」趣盎然（又是輪姦，又是同性戀等一一曝光）的一面，更且發現他的夫人甜米（Tammy Faye Bakker）女士在食、衣、住、行方面皆極盡奢侈之能事。衣櫥中千套西裝、洋裝，怎可讓馬可仕夫人專美於前。而鋪金搭玉的大理石浴池，更可令伊美黛女士欣羨至死！天國之屬，哪有吉米、甜米的伊甸園舒暢！

夜線鏡頭所至，輿論跟著沸騰。譁然的感歎聲不由驚動了道德多數組織（Moral Majority）的委員長霍爾（Jerry Falwell）大牧師。這位仁兄德高望重，也是另一個電視傳教的頂尖人物。他久聞北卡州的這個價值連城的地上樂園，垂涎已久，卻苦無插手之機。吉米・貝克事件一爆發，機會可是千載難逢，他馬上一手舉起聖劍，把吉米、甜米一併殺將下去；另一手擔存款簿，雙足踩「道德」、「正義」兩個風火輪，就當上了PTL董事會的主席。

吉米、甜米兩夫婦，由白手起家到擁有千萬元的地上樂園，在電視上帶有「挾上帝以號天下」的威望，加上呼風喚雨的神職本色，豈是易與之輩。首先，交出去的帳簿竟是「赤字連連」：電視廣播台的費用馬上就付不出來，而地上樂園的建築款項更是渺茫無跡。霍爾大牧師好不容易搶到的存摺，一夕之間變成銀行的欠債負擔。這個燙手山芋，逼得霍爾大牧師頻上電視，一聲聲「信徒奉獻！信徒奉獻！拯救地上樂園！」的哀叫，也眞頗能激起信徒同舟共濟的精神。果然，捐款的數量又大增，地上樂園總算保住，但遠景卻不甚樂觀。

就在這個時候，吉米、甜米兩夫婦風塵僕僕，忽而東角，忽而西角，到處串連，並且大做文宣工作：「沒有吉米和甜米，地上樂園就失去了伊甸園的風采！」「吉米和甜米在權力鬥爭下，爲你們背十字架。」最妙的是把他們兩人懺悔、祈禱、佈道的對話，製成錄音帶，忠實的信徒只要撥一個電話號碼，花個十元、二十元就能恭聽他們傳教的聲音。誰能想到這樣的出擊，竟然是個強棒，而且一棒就把霍爾大牧師從董事會主席的位子上打了下來。吉米和甜米的法術高強，眞是沒話說。

當然這齣戲還沒落幕。PTL教會總部為了「錢程」著想，非再把吉米、甜米攞到電視機不可。他們的魅力眞是非同小可，即使在落難的時候，都能由電話線上湧進無數的錢財。問題是人心眞是水做的？為什麼在這場聖戰中，永遠是輸家？為什麼那麼多思想運作正正常常的教徒的心靈，竟是如此的不爭氣呢？事情還沒了呢！等著瞧吧！

一九八八年二月，紐奧良市的電視傳教中心忽然也爆出一個驚天（上帝又倒楣了）動地（又一個伊甸園要毀滅了）的「性」新聞，吉米・施歪哥（還記得他嗎？在吉米事件上大聲撻伐的那位聖者）這位滿口仁義道德的牧師，在一個偏僻的旅館中召妓大做「牛肉場」秀。而這個精采絕倫的表演，被一個以前也是傳教士的老兄（這個神職人員是犯了「性」行為的毛病而被施歪哥一腳把他從聖壇中踢了出去），來個相當徹底的照相存證。

這位老兄為了報一箭之仇，就把照片寄到電視傳教神壇總部。在人證、物證俱全之下，施歪哥無法抵賴，就來個英雄有淚不輕彈的招術。但見他在全國電視前表演了一場聲淚俱下、唱作俱佳的懺悔秀。一聲聲悽楚的「我有罪！我有大罪呀！」的告白，令許多在場做禮拜的教友大起惻隱之心。當場就有人為他辯護說：「這是大勇，這是知恥的表現呀！」但當晚的夜線主持人馬上追問一句：「要是檢舉人沒有人證、物證、相片，他會自動表演這場懺悔秀嗎？」洛城報紙更刊出一幅漫畫，畫的是施歪哥在電視鏡頭前，口裡說的是：「我有罪！我有大罪呀！」其實心中想到的是：「我眞後悔呀！怎麼會到被捉到的地步呢？怎麼會色迷心竅到被人照相都不知道的地步呢？哎呀，要是不把那位仁兄炒魷魚就沒事了！後悔呀！後悔！」我想施歪哥確實悔不當初！

政戰聖戰都是鬼打架

施歪哥事件的爆發是個偶發事件嗎？不然！不然！其實施歪哥的「歪哥事件」是由來已久。那爲什麼早不爆、晚不爆，卻「必須」爆發在二月裡的一個週末呢？聯想力豐富的人，馬上就想到「誰是這件施歪哥事件的最大受害者呢？」施歪哥本人是罪有應得，所以不算；那麼還有那一個人因這件事而間接受到劇烈的傷害呢？或者反過來問：「誰因這事件而受益？」明眼人把世事一瞧，心中反覆琢磨一番，答案就出來了。間接受害者是另一位明星電視傳教牧師派特・羅勃生（Pat Robertson）是也，而受益者則是美國現任的副總統布希先生（George Bush）。奇怪嗎？其實不値得大驚小怪的，沒有政治的龍捲風，怎能襯托出千秋聖戰的偉大呢？

要知道一九八八年十一月是美國總統大選的日子，共和黨和民主黨屆時將各自推出一名候選人參與競爭。此其前，在任何一黨裡，爭取總統候選人的提名是一場歷時長久、花費鉅大的奮鬥。對共和黨來說，提名現任副總統布希應該是理所當然的事，但這位仁兄一向名望不佳，在伊朗軍售案上他所扮演的角色，一直曖昧不明。最糟的是在應對談吐的風貌上，他一直讓民衆有「扶不起的阿斗」的感覺，因此想要搶奪共和黨提名者就大有人在了。其中之一就是明星電視傳教士羅勃生牧師，他以保守人士中最保守者的形象出現，爲了避免給自由派人士有「以教干政」的口實，他辭去了電視傳教士的職位，更把以往在電視上作西洋法（類似乩童作法）的影片統統取消。（可笑的是他這個新的形象只做給美國的選民看，在國外的影片爲了利益也就馬馬虎虎了。其虛假面實在是讓人一覽無遺。）

他的徒衆主要來自草根階層，以往很少過問政治。他以神要懲罰自由派人士的旨意爲號召，要徒衆出錢出力爲他爭取票源。這一招果然有效，在愛荷華州的初選結果，這位毫不起眼的羅勃生居然一炮而紅，票高第二，遙遙領先貴爲副總統的布希（只落個遠距離的第三）。布希的政見依附雷根總統（Ronald Reagan），主要票源也是來自保守派，羅勃生的攪局，令布希大失面子，又受威脅。這一來，大仇沒有，小怨不斷，兩邊的競選總部各派出實力堅強的文宣工作隊，開始找對方的碴，一場捉辮子的好戲就跟著登場了。

羅勃生挾著在愛荷華州初選勝利的餘威，處處耀武揚威，對布希「欺軟、怕硬」的形象大做文章，其文宣部更誓言旦旦的要在即將到來的北卡州初選上把布希打得落花流水。而從民意調查看來，羅勃生的聲望確實蒸蒸日上：這時候就有人打出第一個信號彈，照亮了羅勃生的牧師生涯：電視上消失有日的他當年當「西洋乩童」的鏡頭又出現了。緊接著又出現了一個空包彈，對羅勃生在學歷上假造成績單、獎學金的謊言加以揭發，而又有人指出在韓戰時，他利用關係不願上前線的往事。羅勃生的競選總部即時喊停，並大罵布希技術犯規，布希對這些事當然表示毫不知情。

但信號彈、空包彈之後，又冒出一顆流彈，直中羅勃生的要害。原來羅勃生牧師以保守派的高手自居，而且也是道德多數組織裡德高望重的聖崽之一。他以往到處作秀演講，主題總是反對婚前性行爲，認爲這種只愛性、不愛婚的行爲，是當代道德淪喪的根源之一。但是冒出的流彈爆開之後，乖乖不得了，根據羅勃生牧師兒女的出生登記，原來這位滿口仁義道德的教會長者，居然也是個「先上車、後補票」的先鋒咧！幸虧美國是個重視個人隱私權的國家，而且「先試後婚」的現象也實在是太普遍了，牧師也是人嘛！算了！算了！所以流彈雖中要害，卻也沒有達到致命的地步。而且「相信他的人，還是相信他！」（記住這句話。這是在心理學上特具意義，且近乎眞理的一句名言。）民意調查結果顯示，在保守派選民中，羅勃生仍是一路領先。

眼看二月北卡州的初選就要開鑼了。對布希而言，北卡州不能再輸，否則不但沒面子，以後要在南部各州「超級星期二」的大選上獲勝的機會就渺茫了。但凡人（即使貴為副總統）怎麼和神的代表人一爭長短呢？唯一的方法就是把神光變成暗淡的「綠燈」，讓這位曾在水銀燈前風光一時的神的形象，在探照燈下原形畢露。於是，施歪哥事件就不偏不倚的「恰恰好」爆發，在北卡州初選的前夕，由施歪哥事件，人們不得不思想起吉米和甜米；由紐奧良的神壇，人們自然會聯想到北卡州（啊，北卡州的初選！）的地上樂園；由地上樂園的宏偉建築，電視鏡頭一下子就轉到神教大學的臨時辦公大樓，而華夏之中，大嘴巴羅勃牧師正在和上帝心有靈犀一點通呢！由羅勃到羅勃生到……唉呀！你們這些上帝的代言人，到底在搞什麼鬼呢？一下子，羅勃生競選總統就感到「上帝已經不和我同在了」。羅勃生咬牙切齒，大罵布希無恥，耍手段；但很清楚的是羅勃生的進軍白宮之道，至此確實是前途無「亮」了。

當然，這場聖戰仍然未到停火協議的階段。吉米和甜米處心積慮在策劃絕地大反攻，隨時要為「失樂園」譜上新的軍歌。施歪哥在上帝教會神聖總部「留教查看」兩年緩刑之後，就擺出一副大不服氣的神態：「我哭都哭過了，你們還要怎地？要知道，沒有我的光輝，哪來你們這些人的榮耀。此處不留人，自有留人處，大不了我另創神壇，自成一代宗師！」他的這番午夜夢迴的喃喃自語，絕不可等閒視之，確實是有許許多多的教友認為他是無辜的受害者，他們仍願意環繞在他的腳下。

至於那位大嘴巴呢？他的沙漠中的神教大學正是萬事俱備，只欠東風，哪一天他再靈光一現，再來一個電視自殺未遂的節目，又可大撈一筆。你若有意，也可以寄給他一張支票，買下將來神教大學校長辦公室的一塊磚頭，這樣子就可以留名國外，與神同在了。霍爾大聖崽更是妙透，他在PTL的爭奪戰中偷鷄不成反蝕一把米，碰了一鼻子灰後，又回到他原屬的電視傳教神壇，一聲聲「請捐款！請指教！新出《聖經》一本才二百元，爲了美國的將來，爲了拯救全世界的人類，你應該多買幾本贈送衆親友。才二百元一本。快買，快買，存貨不多了！」至於那位「差點」被提名的羅勃生大聖人呢？你不必爲他著急！哪天深夜打開電視，也許你還可以在電視頻道中「七〇〇俱樂部」上，淸淸楚楚看到他閉目通靈、爲人消災的鏡頭。西洋的「乩童」到底身手不凡，也許你應該問他下一期的「六合彩」劵的明牌呢！

聰明人的愚蠢代價

談完這麼多「聖戰」加「政戰」的故事，眞是如幻似眞，比電視連續劇還要精采萬分！但你一定發現，鬥來鬥去，小民永遠是輸家。爲什麼這些神職人員的糗事一件又一件的洩底，而教友卻仍然守不住自己的錢包呢？施歪哥做盡壞事，但他敢在電視上哭一聲、悔兩句，信他的人就認爲他從此是「放下牛刀（不再上牛肉場了），立地成神」了。教友這種自作孽的心態是怎麼一回事？

由心理學研究所得的結論是相當令人悲觀的：這種由於認知失調而引起的惡性循環，使人類的心靈越陷越深。「我如果現在承認施歪哥是天生壞蛋，那我也必須承認以前我那麼相信他是一種極端愚蠢的行爲。但我這麼聰明，怎麼又能愚蠢呢？他一定是冤枉的，而我的聰明智慧不許我看走了眼！」如此一來，最平安的方式是加強我的自信，而施歪哥的一言一行總會言之有理的。謝天謝地，我心安理得，眞是蒙神之賜，下次該多捐一些錢吧！——這就是我們的「理」性行爲！

一九五〇年代，爲了深切體會這種認知失調所引起的身心變化，有位心理學家，化名潛入中西部窮鄉僻壤的一個教會團體。這個怪異的教會相信神來自外太空，而當時的教主是一位自稱可以通靈，但表面上毫不起眼的家庭主婦。教徒散居附近鄉鎮，平日在當地的公司行號、雜貨鋪裡上班，循規蹈矩，完完全全是標準的小市民；週末則群聚教主的深深庭院中，對著浩瀚的太空吟詩起舞，歌唱祈禱，眞是風雨無阻，教心感人。

有一天在大家祈禱完畢後，教主突然鄭重其事的宣佈：「我主慈悲，剛剛告訴我一個大消息。由於人類的罪惡已至萬劫不復的地步，世界末日即將來臨。你我倒不必恐慌，在十二月的某一夜晚，將有太空船自天而降，引接你我到極樂世界！」教友們散會後，各自回家打點行裝，預備遠行，房子、田產該變賣的變賣，該過戶給兒女就趕快過戶，銀行的存款也沒有用了，就統統花光吧。十二月的那一天終於來臨，在中西部的大草原上，這些教友跪在各個角落，誠心祈禱，等待著那來自太空某處的太空船。時間一分一秒的過去，瞬時已至午夜，草原上蟲聲此起彼落，星辰佈滿蒼穹，月光之下，但聞祈禱聲，不見救世主。

午夜已過，教徒的不安開始形於色。這個時候，教主站起來，以極其平靜的語調宣佈：「你我眞誠的祈禱，感動了天地，我主慈悲，願意再給人類一次自救的機會。」一陣沉寂之後，歡聲爆破了荒原的肅穆。教友小有失望，更是信心十足：要不是他們的誠意祈禱，這世界早已滅亡，他們個個以救世主的身心狀態，回到原來的鄉鎮。對別人的訕笑不但不以爲意，更且自認爲這是上天苦其心志的一項磨練。別人譏諷他們的「救世經歷」，把他們當做酒後飯飽的消遣對象，他們卻認爲大家對他們越來越友善，實在是心中感激的緣故。

當我們讀到這些記載，不得不感歎天機難測，人心難明。傳統的「人是理性動物」的說法，實在是自欺欺人。由觀察這些信仰系統的不可理喻性所帶來的連鎖反應，心理學家提出「認知失調」學說，用來解說人類許多看似荒謬絕倫，其實是基於保護自己的尊嚴而導出的種種防衛性表現。

多年以前，大家樂盛行，多少人求神問鬼。中獎的明牌大家會津津樂道，不中獎的明牌也會振振有詞，什麼「天機不可洩漏」、「沒有四八（死爸，閩南語）怎麼能有九八（哭爸，閩南語）」等等的笑話一併出籠。一句「天機不可洩漏」就可封死天下悠悠眾口，眞是好用得很，其實人們問明牌的作用有二：能中最好，不中也可以把責任推給神明：「不是我不聽明，實在是天機不可洩漏的緣故也！」

人為維護心靈的平衡，經常不擇手段，更是永遠不可理喻。眞理只有一條：「信仰的失敗，惟有用比以前更多更強的信心才能補救！」

信不信由你！（遠流《大衆心理學》雜誌，一九八八年六月）

第3篇

科學之機

1 建造一個虛擬的腦

數位典藏計畫
其實就是人腦外移的具體表現！

人類的祖先（巧人，Homo habilis）的大腦很小，大約只有現代人的一半到三分之一。有一些科學家認爲大腦變大與人類語言的發展有關，例如人類控制舌部肌肉的神經管是猿類舌下神經管的一．八倍，考古學的研究指出此一現代人的尺寸大約在三十萬年前就已經完成。有趣的是，人類的大腦也大約在這個時候停止增大；也就是說，人類具有語言至少有三十萬年之久。在這之前，大腦必定經歷了漫長時日的演進，方能掌控語音的音域區辨度與複雜度，並能做到儲存、重複與理解，創造出日漸龐大的詞彙，使語言發展成爲表達與接收意義的系統，以促進人們之間的活動與協調。

因爲生存所需資源的分布與性命受威脅的危險都會隨時空變遷而改變，動物需要大腦將這些變化經由大量的感受器（receptors），以簡約的記憶軌跡儲存起來，再整合這些多種感覺器官所收到的訊息，作出因應的動作。大腦有如對抗環境變遷的緩衝物；而語言的出現，使人類祖先能夠就眼前不存在的事物進行討論與溝通，突破了out of sight, out of mind（不見即不識）的限制。由此觀之，大腦不僅僅是由一堆神經元在做相互交叉而成的網狀聯結，它協助完成人類社會生活所需的互動與協調，爲生活在變動不定環境中的早期人類，提供了分享知識和調節生活策略的方法。在演化中，大腦突顯了儲存、複製及計算的三大功能，它們也是人類文明進展的三大要素。

但是從時間的深度和空間的廣度而言，口頭語言作爲溝通與訊息傳遞的工具，是非常受局限的。要能打開時空的疆界，才是生命永續發展的要義。史前人類所展現的洞穴圖飾，更顯現出人類能夠借外物來儲存心中「念頭」的想法，在五萬多年前就出現了。到了一萬五至兩萬年前，洞穴的圖像又有另一番風味，看看在法國拉斯科（Lascaux）和蕭維（Chavet）的史前人的畫風，已經呈現深思熟慮的佈局！連岩石的造型都被用來表徵動物的壯碩與神態。作畫的人已經考慮到「他」人（或「後」人）的眼光，他們的腦已經從單純的「計算」進步到複雜的「算計」能力了！

延續著用洞穴裡以圖畫表徵理念的精神，早期的人類更進一步把心中的理念具象化，並配合語音裡的節奏，把持續不斷的想法切割成片段的意念，透過身體以外的物件加以表達。於是我們看到八千至一萬年前，文字以各種形式出現在幾個農業比較發達的文明古國中。又經過了四千年的演進，所有的文字以貼近口語的形式穩定下來，使寫作與閱讀變成人類文明的象徵，但最重要的概念應該是它終於打破了時間與空間的限制，把儲存、複製與算計的腦功能由體內移向體外。甲骨、鐘鼎、竹簡、陶瓷、紙張、印刷、石刻、碑林、拓片，都代表著昔日人類智慧儲存在外，而後人得以不斷複製的發明。如今，儲存與複製的概念依舊，但是方式隨著科技的進展而有所精進，如果一個拇指大小的晶片可以儲存一部《大英百科全書》（*Encyclopedia Britannica*），一片光碟將可以留下多少歷史的影像？那網路呢？

我們可以很明確的說，這一萬年來人類學會了在腦裡保有運籌帷幄的程序知識，而把大量的內容知識儲存在腦外的「類記憶系統」中。數位典藏計畫其實就是人腦外移的具體表現。它將人類過去、現在與將來的知識，在網路上儲存、流通、轉換、加工、分析、顯影，並透過時間與空間的資訊作爲橋樑，結合自然環境的變異、生物活動或人爲社會演進過程，建置出一個虛擬的人工腦。它應可稱爲一部全世界、全人類的「資治通鑑」！

你能想像，在這樣一個虛擬的腦中遊蕩的感受嗎?!你有問題需要解答嗎？上網去 Pick HIS Brain！（《科學人》雜誌，二〇〇二年九月）

2 (巧合)^{n}還是巧合

千萬不能低估
巧合出現的機率！

巧合就是一連串不太可能在一齊發生的相關事件，卻偶然在同一個時空中，接二連三的出現，讓人滿腹疑問，而有「怎麼那麼巧？」的感覺。前幾天，眾人閒聊之際，一位同事神祕兮兮的說：「說來你們一定不信，事情眞的很玄！我舅舅去國五、六年，很少聯絡。昨天早上，我媽媽忽然想起他，惦著惦著就要我打電話給他，我出去一天給忘了，傍晚回家，聽到電話響起，乖乖！電話那端居然是我舅舅的聲音！」是純粹巧合還是心電感應？

上週末，幾個老朋友準備替遠行的好友餞行，約好在其中一人的家裡見面。我匆匆出門攔了一輛計程車，跳上車便十萬火急的拜託司機開快點。我在單行道的這頭下了車，步行數分鐘，眾人等在門口，說已經訂好餐廳，我們走到單行道的另一邊，攔了一部車。上車後，剛剛分手的司機轉頭笑著對我說：「眞巧！又載到你了！」是緣分嗎？

這類巧事，你一定聽到不少。對於那些看來極端不可能發生的事，我們總是賦予它神祕的色彩，認爲背後一定有一股超自然的力量在操縱。其實，巧合就是巧合，不過是自然界機率定律的表現，只要機率不等於零，凡事都可能發生！這也是一種莫非定律（該來的總是會來）的展現。所以，千萬不能低估巧合出現的機率！

說到巧合，就不得不提到林肯（Abraham Lincoln）和甘迺迪（John F. Kennedy），這兩位在美國歷史上居舉足輕重地位的總統，生前都非常關心民權運動，也都在事業最顚峰的時候遭人暗殺，最不可思議的是，兩位總統和兩位殺手之間存在著衆多連諸神也難以解釋的巧合。這個巧之又巧的故事，絕對讓你瞠目結舌，連連驚歎「怎麼可能?!」卻又不得不相信。

說給你聽聽！林肯在一八六〇年選上總統，甘迺迪則在一九六〇年當選，相差了一百年；暗殺林肯的殺手布思（Booth）生於一八三九年，暗殺甘迺迪的刺客奥斯瓦爾德（Oswald）出生於一九三九年，也相差一百年，且兩人都來自種族歧視嚴重的南部。巧的是，兩位殺手得手的地點恰好互爲對方落網之所在，林肯在戲院裡被暗殺後，殺手由戲院逃到附近的倉庫裡被活逮；狙擊甘迺迪的刺客，先是暗藏在倉庫的高處開槍，然後逃到戲院裡被捉到，而他們共同的命運是還未等到審判日，就被暗殺了。

更奇妙的是，林肯總統的祕書居然叫甘迺迪小姐，猜猜看，甘迺迪總統祕書的名字是什麼？沒錯！就是林肯小姐。怎麼可能？但的確是如此！記錄顯示，甘迺迪小姐曾經力勸林肯總統不要去看戲，可惜林肯不聽；林肯小姐也曾經勸過甘迺迪總統不要去達拉斯，甘迺迪當然也沒有聽她的！（希望這串話沒有把你弄得昏頭轉向！）結果呢？兩位總統都在星期五被刺殺，遭槍擊的位置同樣都在腦後方，暗殺的現場，第一夫人也都隨侍在旁。讓人汗毛直豎的是，這前後第一家庭中，都曾經有子嗣夭折於白宮裡。

此外，林肯（Lincoln）由七個英文字母組成，繼任者是詹森（Andrew Johnson），一共十三個字母；甘迺迪（Kennedy）也是七個字母，繼任者也叫詹森（Lyndon Johnson），多巧！也同樣是十三個字母！這兩位詹森又都曾擔任過參議員，爲林肯和甘迺迪的巧合之處，再添一樁！在這一連串的巧合事件中，有魔術數字7（Magic Number 7），還有代表壞運氣的13，又都死於星期五，你想它們同時出現的機率有多高？當然不高，但它們確實都發生過，且連成一黑色的結合體，留給後人無限「謎」惘與唏噓。

然而，應該如何理解這些n次方的巧合呢？首先我們要知道，對形成巧合的同一事件而言，出現否證的機率可能更高，但因沒有引起注意而被忽略了。例如，有更多更多的「黑色星期五」，其實是一點也不黑色的，我們卻只記得有不幸事情發生的黑色星期五。答案真的很簡單：在沒有適當的統計對照數據以前，巧合就是巧合！而且，千萬不能低估巧合出現的機率！（《科學人》雜誌，二〇〇三年二月）

3 漢字閱讀，腦中現形記

腦神經在語文資訊處理的細膩，以及對形、音、義三種訊息的取捨，在時間點的拿捏是如此準確，眞是令人動容！

一九六八年，考古人類學者在上埃及尼羅河東岸的勒克索城（Luxor）找到一份古老羊皮製的手抄本，記載著公元前三〇〇〇～二五〇〇年之間的一些外科手術，根據後來進一步的考證，這份手抄本抄自另一份更古老的抄本。從艱澀的譯文中，我們似乎可以得到一個印象，即在遠古的年代裡，有些醫師已經探知失語症（aphasias）和腦部的病變有關。到了公元前四〇〇年，從希臘的文獻裡又發現了針對各種不同型態的失語症有更直截了當的描述。而且這些觀察中，也隱約指出右邊身體的癱瘓和語言失常往往有連帶關係。

對腦神經的研究來說，一八六五年是個極爲重要的年代。那一年，法國一位名叫布羅卡（Pierre-Paul Broca）的醫師，在檢視至少八個以上的失語症病人後，從屍體解剖的證據上看到相當一致的腦傷部位，因而下了一個大膽的結論：「我們都是用左大腦半球說話！」九年之後，德國醫師威尼奇（Carl Wernicke）發現了另一類型的語言失常，病人的受傷部位集中在左腦後區。這兩個發現，奠定了人類的語言是由左腦處理的解剖基礎。

過去一百多年來，腦斷層掃描的影像技術不斷改進，現在我們已經可以利用核能反應的影像技術，譬如電腦斷層掃描（CAT scan）、正子斷層掃瞄（PET scan）、功能性磁共振造影（fMRI）、腦磁圖（MEG）等，在正常人說話與認字的瞬間，即時捕捉其左腦神經運作的血液動態。

文字不同，腦組合不同？

在腦各部位的功能研究上，對於「學習閱讀某一種文字會不會導致腦功能組合的重整」這個問題，一直有學者持不同的看法。有人認爲學會閱讀的人和文盲的腦神經組合是不同的，更有人認爲學會閱讀拼音文字和學會閱讀漢字的讀者，其腦神經對文字的理解過程也是很不一樣的。這些論點並沒有足夠的實驗證據支持，但因爲漢字與拼音文字的表面結構確實很不相同，所以，想當然耳的推論就層出不窮，加上媒體的助興炒作，使得這些不正確的觀點更廣泛地流傳。有鑑於此，一群在台灣的科學家就努力要以科學證據，來打破這「文字不同，導致腦不同組合」的迷思。

台北榮總的腦造影醫療團隊，搭配了陽明大學認知與神經科學的研究人員（包括教授與博士生），首先對漢字閱讀的腦神經機制展開一系列的實驗。他們讓正常的大學生默讀一串不相干的漢字，然後以功能性磁共振的顯影技術，將讀者在閱讀時的腦活動登錄下來，把這些部位的活動量拿來和讀者看非文字圖形時的活動量作比對，再經過仔細的統計運算後，找出有顯著差異的部位。結果發現，漢字閱讀的歷程主要還是靠左腦半球在處理，並且是分布在左腦的各部位，包括負責發音的布羅卡區（Broca's area）、整理字形規則的下顳區（inferior temporal）、尋找意義的威尼奇區（Wernicke's area），以及位在頂葉（parietal lobe）專責把形、音、義做適當整合的角回區（angular gyrus）。

這些腦的活動在圖一的磁共振影像中，可以讓我們一目了然，灰色顯示的部位，表示閱讀時不同腦部的活動量（含氧血濃度較高）。有趣的是，實驗結果指出，漢字閱讀的腦部活動與拼音文字閱讀的結果「幾乎」是完全相同的。在圖一右上方的兩張小圖，是美國匹茲堡大學（University of Pittsburgh）學習研究發展中心的飛茲（Julie A. Fiez）以閱讀拼音文字所做的實驗結果，黑點所標示的位置正是腦活動的分布圖，和漢字閱讀的腦活化部位比起來，確是大同小異。也就是說，各種不同的文字，雖然表達的形式有差別，但腦在把文字碼轉換成意義碼的過程卻是有一定的普遍規律。

二十年前我們從腦傷病人的閱讀缺陷中就已推論出這樣的看法，如今高科技所帶來的造影技術，讓研究者能即時看到正常人閱讀時認知作業那一瞬間的腦活動影像。從前的臆測與推論，終於有了「眼見爲憑」的影像證據了！

形、音、義的細膩取捨

跨語言的研究讓我們看到腦在閱讀認知活動上的普遍原則，但是在「大同」之外，我們也必須關心「小異」的特殊狀況。誠然，仔細比對圖一的兩種文字表現，左上角

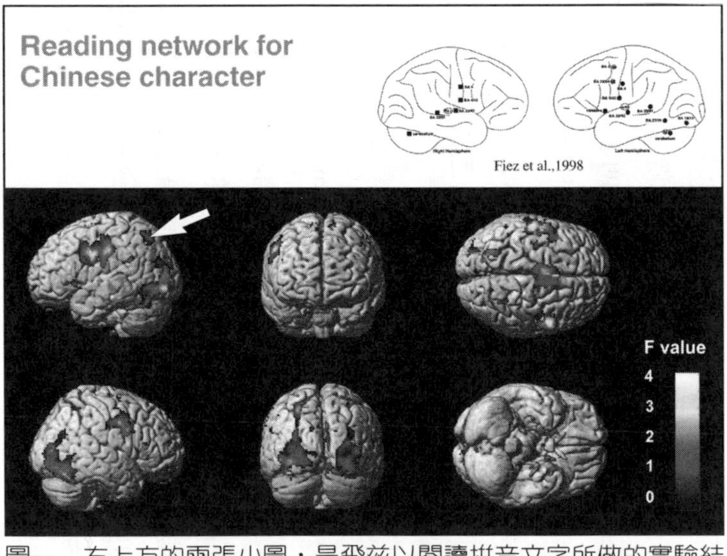

圖一　右上方的兩張小圖，是飛茲以閱讀拼音文字所做的實驗結果，左下六張腦部影像則是台北榮總和陽明大學認知與神經科學的研究人員以fMRI記錄漢字閱讀時所引發的腦部活動。

的功能性磁共振造影影像圖中由白色箭頭所標示的部位，在飛茲的圖中都沒有出現，這個位在左腦前頂葉靠近肌能運動區的部位，可能是處理漢字筆順移動的地區。漢字認識，除了字形之外，筆劃空間方位的書寫運動碼（graphomotor codes）是非常特殊的表徵，當我們想不起某一個字時，或想分辨兩個字形相似的字時，「書空咄咄」的動作反映的就是這個非常特殊的認字方式。這一點值得以後的研究者再去細細的分解其腦中的機制。

漢字是由不同的筆劃部件組合而成，而這些部件通常也有特定的含義，例如義旁（如提手旁、草字頭等等）和聲旁（如錶、裱等等的表）。一般的讀者看到一個漢字，必須拆解部件，再組合各部件的含義，形成一整體的認知。近年來的腦功能測量，也確實反映了這個「拆解、辨義、組合、理解」的過程。最近一個利用腦波儀測量方法所完成的誘發電位（evoked potential）實驗，也顯示了漢字認字時的部件拆解與意義整合的動態歷程，確實是令人耳目一新。圖二所呈現的漢字「時」中的「寺」是個聲旁，但它本身也有意義，當我們的眼光接觸到「時」字的那一瞬間，我們會唸「寺」的音，但我們的腦會登錄與「寺」的語意相關的「廟」字嗎？

研究者讓大學生戴上測量腦電圖（EEG）的電極帽（參見圖三），只計算事件相關的電位（event-related potentials, ERP），然後觀測文字出現在電腦螢幕上四百毫秒之後的負電位波

圖二　漢字「時」中的「寺」是個聲旁，但它本身也有意義，當我們的眼光接觸到「時」字的那一瞬間，我們會唸「寺」的音，但我們的腦會登錄與「寺」的語意相關的「廟」字嗎？

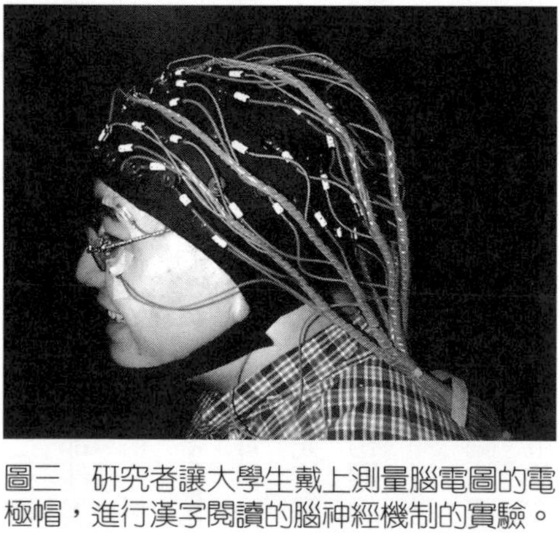

圖三　研究者讓大學生戴上測量腦電圖的電極帽，進行漢字閱讀的腦神經機制的實驗。

（N400）。過去文獻上已經建立了N400的意義，即語意相關的字（如夫、妻）不會引起太大的負波，但語意不相關的字（如很、車）則會引發較大的負波。在漢字的實驗中，「夫、妻」等相關的字確實是沒有引發太大的N400，但不相干的「很、車」就有顯著的負波出現，證實了前人的說法。有趣的是，「楓」（聲旁唸／風／）和「雨」一起呈現，及「猜」（聲旁唸／

青／，與「猜」不同音）和「紫」一起呈現，也都沒有顯著的負波出現（參見圖四），表示聲旁的語意是有在腦裡激發的。但是因爲「風」與「楓」同音，所以被激發的語意可以維持到一百毫秒以上；而「青」與「猜」不同音，它的語意只維持五十毫秒就不再有作用了。換句話說，被拆解開的部件，其語義在腦中的處理受到了語音的牽制，且隨時間而有變化。腦神經在語文資訊處理的細膩，以及對形、音、義三種訊息的取捨，在時間點的拿捏是如此準確，眞是令人動容！

開闢更多樣也更寬廣的窗口

語言是透視人類靈魂的窗口，而文字是人類文明表現的動能。如今，經由高科技的整合，加上實驗操弄的精心安排，我們可以讓腦在閱讀時的心路歷程即時現形。這些影像、這些波紋，一一在爲心、物之間的神祕解謎，但要去塡補兩者之間的鴻溝，目前看來仍有一段很長的路要走。

腦科學研究在台灣經費不足的困境中，已經跨出一些腳步，但我們需要有更好的時間解析度的腦磁圖儀器，搭配有空間解析度的功能性磁共振造影，去解讀腦各部位在每一毫秒的動態，哪一種訊息在哪一部位輸入？在哪一部位輸出？哪一部位負責統合計算到最後的理

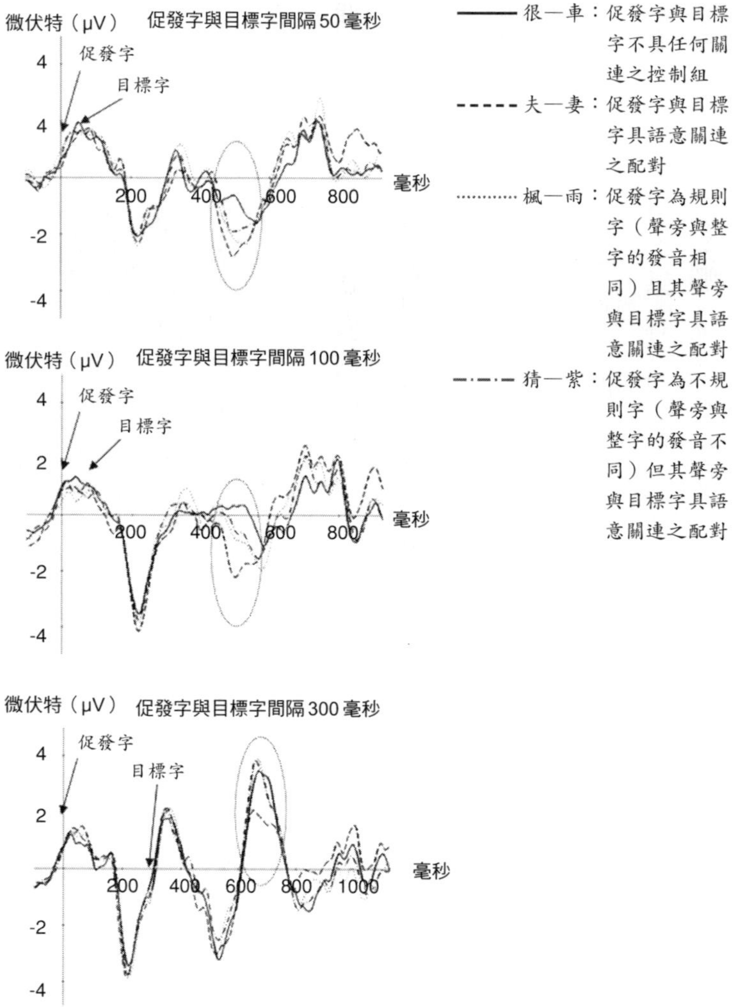

圖四　本實驗進行的是呈現兩個刺激字的時間差，結果發現，在漢字的實驗中，語意相關的字（如夫、妻）不會引起太大的負波，但語意不相關的字（如很、車）則會引發較大的負波。

解？我們必須要投入更多的努力，才可能開闢更多樣也更寬廣的窗口，使我們對腦中如何有情，以及腦內如何會有男女有別的演化過程有所了解。近代有些研究者認爲腦的演化是沿著社會組織的型態持續的在做調整，因此，他們把整個腦神經的運作稱爲社會性的腦（social brain）。

說人類文明的歷史就反映在我們腦的各項運算中，實在是相當貼切的比喻！（《科學人》雜誌，二〇〇三年十月）

4 社會生活基因A、T、G、C

有A而有喜怒哀樂，有T而能創造發明、克服萬難，有G而生地理文化生態，有C才能傳播經驗、累積知識、維持社會化的體系。

一九五三年，華生（James D. Watson）與克里克發表了DNA的雙螺旋模型，它的結構以及所揭發的生命密碼系統，堪稱上一個世紀生物學最重大的發現。科學家經過五十年的努力，在本世紀的初期，也完成了人類基因組的定序計畫，寫出了組成二十三對染色體的三十億個字母A、T、G、C的序列。這四個密碼A（Adenine）、T（Thymine）、G（Guanine）、C（Cytosine）是四個簡單的化合物（腺嘌呤、胸腺嘧啶、鳥嘌呤、胞嘧啶），儲存了建構人體所需要的遺傳訊息。試想，假如每行六十個字母，每頁五十行，而每卷三百頁，則描繪一個人的全部遺傳藍圖就需要三千多卷。

這部生命的天書已經隨時可以付梓了，但如果沒有一套詮釋的程式，則它只是一本密密麻麻的文字序列，毫無意義可言。現在我們已經知道DNA的核苷酸序列決定了每一個生物體的全部生物特徵，我們需要更進一步去了解基因如何決定影響細胞代謝的蛋白質的構造與功能，當然，更要去理解其他與指令有關的基因的性質，了解它們如何具有「開」、「關」其他基因並調節它們生產力的功能。目前，各地的科學家正積極針對這些功能的了解與理論的闡述進行研究，我們可以樂觀的相信，人類對生命的源起與演化，將在下一個五十年大有進展。

對生命中有機體的了解，靠的是對A、T、G、C之排列組合所產生的功能有所釐清，但人類的生命除了有機的「體」之外，更重要的是精神文明的層次。科學家要如何去理解它的緣由與進化呢？也許，我們也可以比擬功能性基因體研究的模式去探討這些社會生活的問題，也就是說，我們可以先界定文明的基本要素，再經由這些要素的組合去理解每一個世代、不同地區的文化特質。

那麼，什麼才是人類社會生活的基本要素（element of social living）呢？很有趣的，我們剛好也可以用A、T、G、C四個要素去描繪人類每一個生活進展所必備的四個向度。A就是情意（Affect），包括感受、情緒、同情、同理心、動機、意志、歸屬、依賴等等感性面；T就是工具（Tool）及技術（Technology）的進步，含有克服困境、解決問題、發明、創意、知識累積與系統管理的理性面；G是地理文化（Geography），指的是生活的場景，如居住的環境（或依山或靠海，是平地還是丘陵等地緣關係）、氣候的變化，以及環境變遷所造成人類遷徙的地理歷史資訊，強調空間的對應關係；最後，C指的是因溝通（Communication）的需求，所產生的語文（如口語、文字、電訊）和非語文（如姿態、手勢、眼神）的溝通交流方法，以及這些訊息傳遞的速度與廣度。

這四個向度貫穿在人類的歷史變動中，它們交織出生活的每一個故事，描繪出錯綜複雜的人生。因為有A而有喜怒哀樂、有熱情的追求及對藝術的欣賞；有T而能創造發明、克服萬難，才能人定勝天、延續生命；有G才有不斷上演的顛沛流離，而生出無數的悲歡離合；有C才能傳播經驗，累積知識，才能相互依賴，並能維持社會化的體系。

未來的基因體研究最重要的是生物資訊資料庫的建立，同時以先進快速的計算技術去尋找各個序列之間的關係，以及這些關係如何影響細胞的代謝與成長，對生命演化的近因（how）及遠因（why）提出理論，來說明遺傳與環境的互動關係。同樣的，對人類文明的理解不能只在一時、一地的故事中尋找答案，關鍵也是在建立龐大的數位資料庫，把人類曾經產出的人為成品都加以典藏，舉凡文物、古籍、碑文、拓片、小說、散文、詩詞、歌謠等等都可以當做典藏的素材，讓研究者得以從語文、時間、空間等三個主軸去串聯人類的文明史。

界定社會生活基因A、T、G、C只是個開始，下一個工作應該是去探索它們組合的意義，對某一個文明形成的近因與遠因皆能有所說明。以往，大型計算的運作似乎只關係著理工科學的研究，這些年來，生命科學的研究必須靠更大型計算的結果。如今，人文社會學者面對龐大的文史資料庫，大型的計算也會變成研究者的必要訓練。

典範轉移已經發生了，我們不能再等待！（《科學人》雜誌，二〇〇四年一月）

5 浪漫的海洋，謎樣的航行

那一次又一次衝破海浪、走向未知的勇氣，
以及隨之引起的文化演化史篇，才是鄭和航行最應該被關注的課題。

幾千年來南太平洋和東南亞的海域一直是非常的浪漫。由最近的考古人類學家的證據以及比較境內各地人種的DNA資料，科學家已能勾畫出一幅又一幅有關人類遷徙的圖示。有一個學者更是斬釘截鐵的宣示：這廣大的海域中的島民可能是台灣原住民祖先的後裔，根據他的說法，幾千年來，一波又一波的探險者，由台灣島乘舟而去，他們的子弟在近海的島域定居，然後他們子弟的子弟發展出更好的船隻，更累積了更多航海的技術（包括風向、星位的知識），於是他們子弟的子弟又隨風南去，如今東至復活島，西至峇里島，南至紐澳，都有他們的足跡！

早期的這些航行是零星的活動，但橫跨千年的影響，點點滴滴的落腳處，就慢慢變成群居的聚落，不但擴散到各處，也帶動了不同風貌的社會型態的形成。很難想像這些早期的航行者的心境爲何？他們難道只是爲了好奇？還是他們也只爲尋找桃花源而隨波逐流？但無論如何，千年的海域孕育了無限的生機，多少悲壯的故事可堪重數呢？

六百年前，當全世界的科學家都還在討論地球到底是圓是方時，歐洲的海員也在質疑海的那一方到底是深淵還是天堂時，中國派遣一團隊的龐大船隊，以史無前例的雄姿游走在東南亞的海域上，領軍的指揮官卻又是一位信仰回教的太監，而且前後七次穿梭在南中國海和印度洋之間，甚至到達東非洲的海岸線。這些航程是爲了什麼？只是爲了宣揚明朝的國威？還是要探聽哪位失踪的前任皇帝的踪跡？還是，這位至誠的穆斯林主將藉機想到麥加去朝聖呢？

無論如何，對這麼一團龐大的艦隊，在東南亞海域上，一次又一次的航行，從歷史的眼光而言，不但空前，而且絕後！但其所留下的影響卻也不是「船去了無痕」的感歎而已！

由於新天地的開發，帶動中國大陸沿海地區「華人」的大量南下，形成一波又一波的移民潮，對東南亞各大小島嶼的生態造成巨大的變化。舉凡人種、社會組織、宗教信仰、飲食習慣、服飾穿著等等，歷經六百年的演化，已形成多種語言、多元文化及多重歷史經驗的社會體系，這多采多姿的文化體系，實在是很令人激賞的。任何人只要到新加坡的「大排擋」

走一趟，就會感受到「三保太監下南洋」的衝擊。這個感受對台灣長大的人應該會有特別的意義。尤其當台灣旅遊者跋涉千里到達西邊的檳城或東邊的小鎮山打根，忽然聽到那熟悉的閩南語鄉音，一定會有歷史傳承、血脈相連的感覺。

我每次到東南亞旅行，那樣的感覺總是一次比一次深刻，我總覺得，做爲一個島國，台灣應該以海洋般的胸襟來容納南向的這一大片海域。鄭和航行的意義，不應該被簡化爲旅遊觀光的導覽圖。他那一次又一次衝破海浪，走向未知的勇氣，以及他們引起的文化演化史篇，才是我們應該關注的課題。否則我們怎能回答歷史給我們的問題：早在哥倫布前一百多年的鄭和航程，爲什麼沒有造成往後中國的海上霸權？（《當中國稱霸海上》推薦，二〇〇〇年十二月）

6 不只是一個預告

小說家幻想的奈米機械人集體入侵人體，變成一個活生生的人，未來一定不會發生嗎？

讀克萊頓（Michael Crichton）的小說，總像是在看一場精心製作的科幻電影，不但故事引人入勝，特技的安排更是令人歎爲觀止。在電影裡，劇中人物常常在千鈞一髮的危機中，以出乎意料的解題方式化險爲夷。讀他的小說，必須用相當多的想像力，去創作一系列的「心象」（imagery）劇場，一方面要把小說中的人、物、事件劇本化，一方面又要把劇情在腦海裡演練出來，簡直就像在導一齣戲那般煞費心神。拿起書來，就難以掩卷。這是克萊頓的魔力，你一旦隨著他飛舞，就得跳完這首曲子不可。好讀，好看，好累，但也好過癮！

電影結束了，把書放下，方才在腦中上演的那些驚險衝突的場景、五彩繽紛的畫面，在燈光下漸漸退場淡去。回到現實世界，閱讀帶來的樂趣，忽然被湧入的惶恐所取代。近年來，小小的奈米大大的出名，從基礎的研究到生活的應用，吸引了許多科學家或有志從事科學研究的學生投身其中，而一般的社會大衆更是不陌生，尤其SARS肆虐期間，人們對病毒束手無策時，奈米光觸媒的消毒效果，一時之間讓人趨之若鶩。然而，在小說家克萊頓對新科技發展的創意奇想中，有太多值得我們思考的問題。新科技的進展，眞的能爲人類帶來幸福嗎？還是隱藏了太多我們看不見的破壞力？

生活在二十世紀末、二十一世紀之際的現代人，已感受到科技帶來的物質方面的享受，當然，他們也親身歷經了無數次科技所帶來的災難與引發的恐慌，例如多年前多氯聯苯造成環境汙染，至今人類仍受其害；如今以基因技術複製人種、甚至培養出陰陽人，理論上可行的事情，在技術上科學家也成功了，但人類又將面臨什麼樣的倫理危機呢？而小說家幻想的奈米機械人集體入侵人體，變成一個活生生的人，未來一定不會發生嗎？不管答案爲何，二十一世紀科學的發展已經碰觸到了人類的核心問題：我們是誰？我們如何去面對這些災難？我們必須擔負什麼樣的責任？

自文藝復興時代以來，人的思維跳脫原來單爲神服務的框架，容許自由意志的知識建構，而且科學的發展進一步使人類得以從因無知而造成的心靈桎梏中解脫出來，所以人類就能大膽去追求、去探索以前所不了解的世界，無時無刻不在創造新的知識。原來科學最核心的本質，就是在探討新知，因為勇於探討，就會發現其中的一些問題。解決問題就是創造新知，本身也充滿了樂趣，可是很顯然的，這些新知識因為片段而不完整，其實是充滿危機的，也許這是科學的一種宿命，但我們不得不在不完整的知識中，緩緩前進。

知識不斷的累積，人類擁有的力量越來越可觀。科學家的視野飛天入海，往外，一直在追尋膨脹的宇宙的邊緣；向內，又不斷追尋越來越小、肉眼所看不見的物質。這些「大大小小」的問題，使科學家不停的發現答案，並在不停的發現中感到滿足；同時這些片段新知又創造出更多的問題，讓科學家頻頻追問：為什麼會這樣？為什麼會那樣？背後還有什麼是我們所不知道的？科學家用盡方法，尋找答案，但也由於科學新知的不完整性，科學家必然要有隨時面臨失敗的心理準備。科學讓我們擁有越來越大的能量，應用恰當將福及衆生，但萬一「凸槌」，破壞力也就更為強大。成功固然可喜，失敗的嚴重性卻不能不重視。只是，新知識的不完整性加上人類永遠勇於一試的衝動，幾乎保證了失敗所帶來的災難一再發生的必然性。

即使科研成功了，我們也急於將發現應用到生活的各個層面，產品為加值而廣為推銷的利潤掛帥行為，就不可避免了。歷史告訴我們，人類物質生活的改變確實得助於被成功研發出來的科技產品。但歷史也同時提醒我們，人類面對科技研發，最大的困難在於不知如何控制它可能產生的副作用。因爲，當科學被推進到最尖端時，想衝入無知世界的慾望往往是無法控制的，在不可探測的世界裡，想像力可以天馬行空，但以現在的知識是無法測知未知世界的可能範疇，即使經由人腦或電腦最精密的計算與分析，未知世界裡的可能性遠比我們現在的知識所告知我們的可能性還要多。所以，我們會有《奈米獵殺》（*Prey*；編按：中譯本遠流出版）的預告！

如果我們認爲克萊頓的推論極爲可怕，就必須審慎思索社會的力量要如何規範科學研究的觸角，以減低尖端科技凸槌的可能性，任由單一的天才科學家自由揮灑，總是隱藏著這類的危機，所以，我們必須學會以衆人的集體睿智（collective wisdom）來分析科技指向的可能後果。對某一類研究是否要加強或是應該隨時加以規範，就要靠能超越個人智慧的公共論壇來論證了。每個人的想法都不相同，而不同的想法若能形成共生系統，這些分散式的智慧就有可能集中起來，形成不斷自我成長的集體睿智。這就是本書要說明的主旨，小小的個體力量有限微不足道，但經由平行分散的處理方式集合在一起，就能產生超越個人智慧的集體睿智，來推動或規範科技的發展，並減低科技凸槌的可能性。

其實，一切還是得回到教育。在一個以民主概念爲基礎的社會，如何教育「選民」變成「公民」，才是最重要的。任何一個政府都需要思考如何爲下一代又下一代的人民提供永續發展的保證，科學的進展已經讓我們由救難走到預防，再高一個層次的進展，就會讓我們有設計未來的可能性，但誰來決定方向？人民投票表決嗎？但是投票的人必須有「理解問題」的能量，否則一投之差，將萬劫不復，就可能是所有存在的終結時刻。因此，增強人民理解科學的能量絕對是當務之急，也就是說，培養能夠參與公共論壇的有知識、有見解的國民（informed citizen），才能保證人類的永續發展！（《奈米獵殺》推薦，二〇〇三年八月）

7 劃時代的記憶研究

史奎爾和肯戴爾對記憶的分類不但符合生物演化的趨勢，更是與哲學家區分 knowing what 和 knowing how 的概念有共通之處。

我好喜歡聽芭芭拉・史翠珊（Barbra Streisand）唱 *Memory* 那首歌！那往日情懷真是令人無限回味；世事無常，有情人卻必須各奔前程的悲怨與無奈，盡在歌聲之中。雖然離當年在西門町欣賞這部電影的時光，已經相隔數十年，但每次偶爾聽到有人哼起 *Memory* 的音調，所有的電影情節就一下子湧進腦海中，這就是記憶！不全然是對往事的複誦而已，其實是包容在濃郁的感情之中，很難用語文的方式說明清楚。

但是記憶的科學研究卻不能從模糊開始。所以，一百多年來的記憶研究者必須很清楚的界定他們研究的材料與方法，他們甚至用盡物理界各種比喻來描述記憶的歷程。記憶像是蠟燭的塑像，在風化中磨損；記憶像是海灘上的沙堡，在海浪淘洗下漸失原形；記憶到底像雜亂無章的倉庫堆積物，或像次序井然的圖書館？當然，從搜尋某一往事的速度與性質，就會給我們某一方向的答案。現代科學家則乾脆把記憶比擬成電腦，輸入、儲存、處理、提取、輸出等概念就隨之流行了。雖然現在我們已經知道電腦下棋的方式與大腦下棋的方式應該不同，但勝負之間的爭執卻是那樣的相似。也許，記憶在某一個形而上的意義上也應該會超越軟、硬體的考慮吧?!

一九七〇年左右，記憶研究者從研究的材料與方法上，把記憶做了各種分類。其中加拿大的涂爾文（Endel Tulving）將記憶分成語意記憶（semantic memory）與情節記憶（episodic memory），成功的把很多複雜的記憶現象歸類。我在七二年完成的博士論文（其中的部分實驗後來發表於《實驗心理學期刊》〔*Journal of Experimental psychology*〕上），爲這個分類提供最直接的實驗證據，因爲我的實驗結果展示出受試者對同一個句子會出現兩條不同的遺忘曲線，即受試者對句中的字句的準確記憶隔日就忘了，但對其語意卻在一星期之後，仍然記憶猶新。所以，記憶是有許多層面的異質性，要了解它，就必須能掌握這不同層面的特質。

史奎爾（Larry R. Squire）和肯戴爾（Eric R. Kandel）的這本《透視記憶》（*Memory: From Mind to Molecules*；編按：中譯本遠流出版）對記憶的看法是屬於分子生物的層次，但對記憶的現象的描述卻是在認知的層次。他們從動物實驗的結果，以及從腦傷病人的記憶缺失，區分爲陳述性與非陳述性記憶的分類。這樣的分類不但符合生物演化的趨勢，更是與哲學家區分knowing what和knowing how的概念有共通之處。這也和視覺歷程中，所觀察到的what和where這兩組神經迴路有異曲同工之妙。

史奎爾和肯戴爾以記憶研究爲例，正在爲我們開創一個以分子生物理論爲基礎的認知科學。他們的成就令人讚賞，他們的努力使我們看到心物合一的理論架構也漸漸成形了。書中的內容涵蓋這數十年他們兩位的實驗成果，並就其意義做了最創新的統合解說，實驗的精妙尚在其次，他們對人類認知系統的生物性闡釋，才眞是令人歎爲觀止！這樣的一本書，絕對是劃時代的里程碑。

你還記得過去那些對記憶的比喻嗎？我想，還是把他們忘了吧！（《透視記憶》推薦，二〇〇一年九月）

8

堅持實證，熱情解謎

學習了克里克對「解謎」的那股熱情，
學習了他對實證科學的堅持，你當會受益無窮。

一九八一年初我到美國加州聖地牙哥沙克生物研究院（Salk Institute Biological Studies），有人告訴我，這個院有好幾個諾貝爾獎得主，裡面的人個個是有來頭！有一天，吉布森（J. J. Gibson）來沙克演講，吉布森是知覺心理學大師，他最有名的理論是「直接的知覺」（direct perception），主張人類不需要媒介（或中介的過程）就可以直接知覺到外面的世界。吉布森講完後，席中有人發問：「照你這樣說來，人的大腦還有存在的必要嗎？」大家都紛紛回頭，想看看是誰這麼大膽？鄰座的人悄悄告訴我說，這位白髮蒼蒼、聲音宏亮的長者，就是發現DNA雙螺旋的克里克（Francis Crick）博士。我從此對他印象深刻。

後來聽說他和柯克（Christof Koch）博士設立視覺研究中心，從視覺的角度切入去研究人類的意識如何產生的問題，因爲在目前人類對外界資訊取得的五種管道中，視覺是被研究得最透徹、了解得最多的一個管道。克里克借用已有的知覺去探索未知的東西。「意識」是個複雜的東西，但是所謂科學的方法就是把複雜的東西分解成一小塊一小塊來研究，當細節弄清楚的時候，這個複雜行爲的內在機制也就水落石出了。所以克里克全力去尋找產生視覺意識的神經元，看神經元之間如何產生衝動，又如何傳導以產生視覺。

把人的意識行爲化約到神經元的層次，認爲這一群神經元彼此之間的互動就會產生人爲萬物之靈的崇高認知行爲，在目前當然仍是一個天方夜譚似的假說。對許多人而言，這個假說也許是驚異的、震驚的、不可思議的，但是對克里克來說，卻是理所當然，一定會是這樣的。因爲一旦了解了大腦運作的方式，意識之謎也就解開了。

一九五三年，當華生和克里克發現DNA結構時，有誰會想到複製（clone）是可能的？那時候對複製的看法，就像我們的老祖宗對人類登上月球的看法一樣，但四十年後，全世界的生化實驗室都在做複製。因爲當我們對去氧核醣核酸、核醣核酸和蛋白質的功能了解後，我們就解開了胚胎之謎。克里克認爲我們可以用同樣的方法去研究意識。這本書是他這二十五年來研究的心得，以極淺顯的文字、易懂的例子寫給一般人看，是一本極好的科普書。

我最欣賞的是他對問題的看法，你可以說他把問題看得太簡單了，但是正是簡單明瞭的把問題界定清楚，使得他可以著手研究，而我們這些批評他太簡單的人，還在那兒團團轉，不知從哪兒下手才好。讀《驚異的假說》（*The Astonishing Hypothesis*；編按：中譯本天下文化出版）這本書要從克里克如何去看問題著眼，學會了他對「解謎」的那股熱情，學會了他對實證科學的堅持，你當會受益無窮。有些哲學家批評他把意識與腦神經的關係看得太簡單了，我想那是誤解了他的原意。克里克認爲簡單的部分是由神經元產生意識的瞬間，而意識所帶來的最後成品，絕對是相當複雜的。你認爲呢？（《驚異的假說》書評，一九九七年七月）

第4篇

科學之妙

1 深藍的藍色憂鬱

電腦怎麼可能學會下棋？若學會了下棋，又怎麼可能會輸棋？

最近做了一場有關人類認知系統的演講，對專家與生手的知識落差該如何界定，做了大致介紹。由於專家在其專業中做起事來，總是得心應手、瀟灑自如，而生手卻是綁手綁腳、笨拙無比，很多人就以爲專家都是擁有天賦的奇才。但近年來以科學方法研究兩者的心智落差，卻發現專家的專業能力和心智能力（如ＩＱ）往往只有普通的關聯性，沒有特別高的相關係數。

所謂隔行如隔山是確定無誤的。專家的特別能耐絕對只限於該特定領域，某一行的「專家」可能也同時是另一行的「生手」。專家知識只是某人在某一專業上經長期訓練所得的知識，加上不斷應用所知累積的心得所共同組合的知識體系。一位象棋棋王看到一副殘局，對其各子所擺的位置可以過目不忘，但同樣數目的棋子，隨機擺在棋盤上，這位棋王在記憶上並沒有特別突出的表現。在設計機械人的專家系統，如程式工程師教電腦下棋時，就充分利用了這樣的概念。

演講後，有學生問：「電腦怎麼可能學會下棋？」「電腦若學會了下棋，怎麼可能會輸棋？」這兩個問題眞的非常有趣，前者只把電腦當作「計算機」，低估電腦的「認知與學習」的能力；後者則將電腦視爲「無敵鐵金剛」，高估了電腦「人工智慧」的能耐！我的回答很簡單：「要成爲棋王，需要建立特殊的專家知識，也就是說，要把電腦『灌頂』，才能使它成爲棋王！問題是，灌什麼頂？」

首先，要增強電腦的功力，使它的記憶容量和計算能力都達到「超級電腦」的水準。這樣，對手下一步，它就能往前看到幾十步的可能性（一般人只能往前預測三、四步）。這種以計算與記憶的暴力獲勝的方式，也許可以應用在五子棋或井字遊戲，但如象棋、西洋棋、圍棋等，每一步都有幾十步可能的鏈鎖反應，形成擴張非常快速的複雜體系，則記憶再大也不可能盡知其所以然。所以，單靠計算暴力，是無法取勝的。

再來，讓電腦記下所有前人重要的棋譜，藉著前人的經驗指點它的回應，以爲可以勝券在握。然而棋譜的量再多還是有限！棋海無涯，新的可能性總會出現，屆時「腦」中無譜，就不知如何下手了！

所以，最可靠的還是讓電腦擁有學習能力。而學習的基本要件是回饋，讓電腦能從每盤棋的勝負中去修改內部程式，建立「去輸存贏」(win-stay-lost-change)的回饋系統，不斷地增強自己的武功。當然，回饋點可以在最基層的神經機件，也可以在最高的認知決策點，或在兩者之間網路流通的算則及其能量的資源分配上。學習，提供了最可靠的勝利保證。

靠這三樣寶典的灌頂，深藍(Deep Blue)是越來越厲害了，它雖有打敗世界棋王卡斯帕洛夫(Garry Kasparov)的紀錄，但仍不是「棋王之王」，更不是人類的棋王。儘管它的計算可以非常正確，但計算正確和正確計算畢竟不同。簡單的說，不同的棋路和棋風讓計算變得更爲複雜，這將導致一個弔詭的問題：假如我們連什麼是正確的計算都不可得，又如何教電腦作「正確的計算」？此外，深藍的弱點之一是，它不了解人類會犯錯，把對手的每步棋都當作是精心設計的好棋，結果有時被誤導而應對無著。所以在Deep Blue還不能有Deeply Blue的反應時，它還是可能鎩羽而歸的。

也許，那就是人類的智慧！(《科學人》雜誌，二〇〇二年四月)

2 前腦革命

不同的工具和表現方式，
能讓我們突破文字的認知局限嗎？

語言是人類智慧的表徵，而文字的寫作則是表達智慧的最高之外顯技能。從八千年前到現在，文字的演變由圖形到一套表音或表意的符號系統，使人類的智慧突破了時空的限制，可以把記憶由腦中移到身體外而得以永生（科技的進步使永生的意義更爲明顯，例如光碟）。這個演化的奇蹟帶動了人類六千年的文明進展，人類從此可以把寰宇的森羅萬象納入掌控。然而，它雖然擁有無限潛能的智慧可以改造人類的周邊事務，卻仍然沒能改變人類的本體。醫事科技使我們可以換心、換牙、換肝、換腎、換……，就是還無法換智慧的中樞——腦，其結果是認知運用總是跟不上資訊革命的腳步！

在演化上，腦的發展是爲了應付並解決當前環境變遷的困境而起，語言的出現改變了大腦原有的面貌，它不但使用了原來爲感覺和運動而產生的大腦皮質結構，更造成前腦增大而左右腦不對稱的特殊設計，語言與文字使人類有了新的溝通方式，既具備能體會別人想法的本事，也能操控各種理念，創造出新的想法，使人際關係變得又複雜又微妙。

但腦是有物理的容量限制的，因而也使人的心理容量有了相對應的限制。在心理學實驗中，人類的認知系統對資訊的處理，已經一再被證實的確有先天的限制，例如人類經歷了兩次資訊傳遞的瓶頸才突破由一到三、由三到七的數字概念的發展。最近我們又發現另一個可能的瓶頸，就出現在寫作時所能掌握的字數上。根據客觀的估評，一位學識廣博的作家如珍・奧斯汀（Jane Austen）、托爾斯泰（Leo Tolstoy）的識字量，大約有二十萬字以上，但是他們在小說中所使用到的不同字卻出現了很明顯的極限。語言學家鄭錦全院士首先注意到這個問題，他透過電腦程式的計算，精算出《理性與感性》（*Sense and Sensibility*）的總字數是一二〇、七三五，其中不同的字只有四、一九九；《傲慢與偏見》（*Pride and Prejudice*）的總字數是一二三、二七〇，不同的字是四、一四六；最有趣的是傑克・倫敦（Jack London）的《白牙》（*White Fang*）總字數雖只有三二、三六一，不同的字仍然是三、四三一。也就是說，小說無論長短，內容多麼豐富，所能使用的不同的字仍然有一定的限制。這證實了每一位作家的認知能量是有所規範的！

表一　比較古今中外小說的總字數和所使用的不同字的數量

書　名	總字數	不同的字
《書劍恩仇錄》	435,313	3,685
《射雕英雄傳》	757,561	4,210
《神雕俠侶》	802,426	4,092
《天龍八部》	1,022,633	4,439
《鹿鼎記》	994,522	4,163
《紅樓夢》前八〇回	496,855	4,293
《紅樓夢》後四〇回	234,980	3,217
《紅樓夢》一二〇回	731,835	4,501
《史記》	533,505	5,121
《風俗通》	34,431	2,716
《桃花扇》	80,121	3,315
《日知錄》	459,357	5,522
《漢書》	742,298	5,833
《三國志》	377,807	4,388
《後漢書》	894,020	6,161

備註：一些較古的典籍因爲使用許多罕見的古字，造成不同字的數量出現虛胖的現象。

西方作家如此，實驗室也檢視了大家都很熟悉的金庸武俠小說，也發現《書劍恩仇錄》（約四十三萬字）、《射鵰英雄傳》（約七十五萬字）、《神鵰俠侶》（約八十萬字）、《天龍八部》（約一百萬字）、《鹿鼎記》（約九十九萬字），五部小說的字數相差很大，但是所使用的不同的字大約都在四千三百多字上下（參見表一）。所以，聰明多學如金庸，仍然不能打破認知系統的先天規範。再看曹雪芹所寫的《紅樓夢》，前八十回總字數四九六、八五五，所使用的不同的字也只有四、二九三。金庸和曹雪芹的認知系統，比較起來是差不多的！可見古今中外的大文豪大多受到同樣的限制。

這引發了一個更深入的問題：讀者個人的主觀感受，能否用客觀的方法去測量？如果我們去算每部小說裡所用的正面情緒字（喜、樂、笑、悅、愉、愛、歡）及負面情緒字（怒、哀、悲、憤（忿）、怨、哭、苦、恨、厭、愁）的比例，以負向情緒的總體百分比去除正向情緒的總體百分比，用這種科學方法分析，是可以得出一個客觀的「情緒指標」的結果，這個指標的數字越大，表示小說的喜劇成分越高。

評比上述金庸的五部小說，正如我們所預計的，《鹿鼎記》的情緒指標最高，表示它的字裡行間充滿了喜氣；而《書劍恩仇錄》果然有最低的情緒指標，表示小說的內容較爲沉重。事實上也是如此，《鹿鼎記》讓讀者想起韋小寶的嘻皮笑臉及調皮搗蛋；而回想起《書

表二　計算小說中所使用的正面和負面情緒字的比例

書名	認知能量		情緒指數		
	總字數	不同的字	正	負	正／負
《書劍恩仇錄》	435,313	3,685	0.394	0.270	1.125
《射雕英雄傳》	757,561	4,210	0.461	0.216	2.134
《神雕俠侶》	802,426	4,092	0.423	0.376	1.903
《天龍八部》	1,022,633	4,439	0.384	0.234	1.641
《鹿鼎記》	994,522	4,163	0.479	0.184	2.603

備註：一些較古的典籍因爲使用許多罕見的古字，造成不同字的數量出現虛胖的現象。

劍恩仇錄》，則香香公主的哀亡、霍青桐的怨意，以及陳家洛的無奈都躍上心頭。我們實驗室也曾邀請五十位大學生（都是金庸迷）就這五部小說的總體印象來評比它們的正、負向情緒，所得到的排列次序由《鹿鼎記》到《書劍恩仇錄》，和前面用情緒字數所算出的排列次序完全吻合（參見表二）。證實了我們以客觀的方式建立的情緒指標，是符合讀者的總體印象的。所以，文字除了知也有情，都和腦有關。

想想看，現代的文書處理已經在改變人們寫作的習慣，同一個螢幕下可以開啓多個視窗，人們不再受制於線形的寫作方式。也許這個世紀的作家將會突破常用的四千字左右的數字的規範（除了部分古書因爲使用古字的關係，常用的字會出現五、六千字），到時候人們的想像力會有所不同嗎？不同的工具、不同的表現方式，會使我們由先天的認知能量的限制中走出來嗎？新的認知能量會不會再帶來前腦的擴展，因而引起一場不是左腦，不是右腦，而是前腦的革命？別忘了，腦仍在演化中！（《科學人》雜誌，二〇〇二年五月）

3 人人都可成爲科學人

只要有很好的科學觀點、思維訓練，
別小覷業餘科學家！

從墨西哥南端經瓜地馬拉、薩爾瓦多到宏都拉斯的整片叢林裡，曾經有過非常燦爛的馬雅文化，他們已有自創的文字系統，他們的建築典雅壯觀，他們的數學成就至今仍爲學者所稱道，在全盛時期，各部落的人口總數超過兩百萬人。但是，不知何故，在第九、十世紀時期，他們忽然走出叢林，消失在中古的長夜之中。僅存斷垣殘壁，留予後人欷歔憑弔，而可能被拋棄的金飾工器，吸引了許多探險家與尋寶者在深山中徘徊不去。他們留下了人類歷史上一個最大的謎題：爲什麼出走？

最近一百多年來，考古學者由出土的片瓦破罐中，推敲出他們的生活型態；由祭祀文物與神壇的佈局，重建他們的社會組織。結果都指出，馬雅文明是一個架構嚴謹的社會體系，人民有高度的審美與藝術創造力，應該是一幅生產力充足的生活寫照。但是什麼原因使他們拋棄這一切？是外地人（尤其是海外來的歐洲人）帶來的病毒所引起的瘟疫肆虐嗎？見諸現今大家談疫色變的「殺士」（SARS），以及歷史上發生過的黑死病，這個解釋是極有說服力的。至於，人口急速膨脹，導致懸殊的貧富差距，因而產生社會階級的鬥爭及動亂，是很有可能的。此外，族群不合所引爆的長期內戰，使原來的天堂變成自相殘殺的地獄，造成民不聊生，死的死、逃的逃，也是合理的推想。然而，種種解釋因爲缺乏足夠確鑿的證據，未能論定。廢墟依舊在，懸案已成謎！徒留下亙古的空谷足音。

兩年前，有一位銀行經理吉爾斯（Richardson B. Gills），寫了一本馬雅歷史的科普書，提出「乾旱」爲「禍源」的看法。吉爾斯畢業於考古系，是一位非常熱情的業餘考古科學人，他蒐集氣候變遷的歷史、地質變化等記錄的證據，標示出公元八一〇、八六〇及九一〇年曾有長期旱災，缺水使五穀不生、雜糧不長，馬雅人或餓死或四處逃竄。這本書頗引起學院派學者的注目，但他們對這位「銀行家」的旱災理論嗤之以鼻，認爲吉爾斯根本不了解社會文化的複雜性，尤其對他所提出來的地質證據，更斥之爲「既不準確，又不夠科學」。吉爾斯反駁說：「我在德州中部長大，親眼看過長期乾旱造成無數鬼城（Ghost Town）的眞實歷史。乾旱才是主因，社會階級鬥爭及戰亂都是果，學者是倒果爲因了。」但學院派仍堅持地質變化所測出的年代並不準確。

二〇〇二年，一位瑞士考古地質學家豪格（Gerald Haug）在家裡閒讀吉爾斯的書，越讀越興奮，他從墨西哥山裡一座湖底，抽取出一根長達一七〇公尺的土柱，柱子的沉澱土見證了五十萬年來的氣候變遷，豪格和同事們以X光測量其中化學元素的變化，很準確的標示出每隔五年的天候變化，他們發現，在近七千年的記錄中，這些地區出現了長期乾旱的年代，居然是（你猜對了！）八一〇、八六〇、九一〇年！深夜兩點鐘，當豪格看到實驗資料上顯現出這三個年代數據後，全身有如觸電一般。證據確鑿！這下子學院派總不能再說吉爾斯是胡說八道了！

幾百年來，西方學者譏笑《馬可波羅遊記》過分誇大東方船隻的比例，他們從當年西方的造船術觀點，就斷定不可能達到那樣壯觀的船身尺寸。但近年來，從公海上撈起許多宋元明清年代的巨大沉船，沉冤百年的馬可波羅終於得以昭雪。歷史一再提醒我們：深入學習和大膽創意，才是人類文明進展的兩大動力。專業訓練使我們更精緻深入，但有時也容易陷入牛角尖，失去彈性，或拘泥於當時的技術、資料與情境，缺乏想像。業餘科學家最珍貴的是因爲他們的天眞、沒有包袱，敢於大膽突破，提出人所未見的觀點，所以常常有超乎想像的成績。

吉爾斯的事例更指出，科學的發現和對眞相的探索，是人人皆可爲的，只要有很好的科學觀點、思維訓練，和持之以恆的毅力尋找證據，業餘科學家也能有重大的創見，千萬別小覷業餘科學家！（《科學人》雜誌，二〇〇三年五月）

4 追尋狗族的夏娃

明鑑秋毫，毛髮見證了狗的遷徙史。

薩弗賴寧（Peter Savolainen）教授是瑞典皇家技術學院（Royal Institute of Technology）的科學家，專門研究狗的基因組成，因此，刑事局爲了透過家寵行跡，以進一步了解犯罪現場，就常常要把他請出來對現場留下的狗毛，做詳細的ＤＮＡ分析，再和他實驗室裡電腦中的狗類基因資料庫做一比對，以確知是哪一種狗曾經在犯罪現場。找到狗，就找到主人，案子也就破了。所以，薩弗賴寧明鑑秋毫的能耐，常常就是主要的破案之鑰。

爲建立這些龐大的狗基因資料庫，薩弗賴寧經常出現在各式各樣的狗美容院，以及世界各地的狗選美人會，向狗主人要一小撮的狗毛，最好是能保留毛皮內的細胞，以便ＤＮＡ的分析更容易、更精確。經年累月的辛勞收集，再經過科學儀器的仔細分析與比對，薩弗賴寧的狗資料庫擁有世界各地狗的分類，更有牠們完整的基因樣本。但建立資料庫只是科學研究的起步，若不能活用這些知識，再好的資料庫也是死的。唯有將資料之間的關係，賦予理論的涵義，科學的知識才有意義。

二○○二年，薩弗賴寧和他的同事做了一個非常有趣又富有深義的研究，他們採取類似「追尋人類夏娃」的研究方法，逐一比對這些不同狗群的粒線體（mitochondria）基因（母系遺傳），根據不同群組基因序列的相似程度，找出牠們之間的親屬關係，再用統計的方式算出基因族譜樹狀圖。無數次計算的結果，長得最好（能詮釋統計上最多的變異量）的那棵樹，根在東亞，也就是說，古早古早以前，東亞地帶才是狗祖先的「伊甸園」。薩弗賴寧這樣的說法有別於在他之前的研究理論，早期的說法乃根據出土狗骨的考古證據，一直以爲所有的家狗都源自中東。薩弗賴寧以基因的證據，推翻其他研究者的看法，學界大概要辯論一陣了。

說到狗由中東飄浪到世界的想法，就必須提到語言研究上一則有趣的相關故事。以色列的希伯來語中，狗的發音是 hym，這個詞彙透過英國傳到美國變成 hound（大家都知道 grey-hound 就是灰狗），傳到歐陸的義大利轉變爲 cane，傳到中國廣東則大致保留原貌，尾音由 m 轉爲 n，傳到閩南就變成了 khien（閩南語的「犬」字發音），語言的演化勾出了人犬相依、到處趴趴走的畫面。

薩弗賴寧和同事們的研究成果最近也得到了其他研究群的佐證，美國史密森尼博物館（Smithsonian Museums）的研究人員也用基因定序的方法，來檢視一千四百年前出土的狗骨和狼骨（包括秘魯、玻利維亞、墨西哥，以及阿拉斯加的金礦坑所挖掘出的遺骨），他們發現新世界的狗基因和新世界的狼基因關聯較少，卻和舊世界的東亞狗群息息相關。換言之，新世界的狼、狗雖地緣相近卻無基因之親，反倒是隔著白令海峽兩岸的新、舊世界的狗，擁著相似的基因，才是天涯若比鄰呢！這兩個研究結果合起來，也告訴我們一個事實：新世界的狗並不是由狼經過家馴的演化過程而來，在舊世界時，牠就已經是被馴服的家畜了；而牠們跟隨主人，由舊世界跑到新世界，做了「移狗」了。

想想看，在三萬五千年前，當人類由東亞的西伯利亞穿過白令海峽的凍層，來到了阿拉斯加，長途漫漫，他們攜家帶犬，徒步而行，一路跋涉，雖危險艱辛，但有狗伴行，吠吠之聲，響徹冰原，卻也浪漫！（《科學人》雜誌，二〇〇三年七月）

5 你如何畫一個咖啡杯？

概念的形成並非理性和超然，
總是夾纏著生活的歷史經驗。

坐在燈光暗淡的教室裡，聆聽一場好無聊的演講，銀幕上的字句一行行由眼前閃過，講者的聲音也越來越悅耳，有如催眠曲。爲了抗拒睡神誘惑，硬是撐著沉重的眼皮直視前方，手裡的筆在空白紙上圖來畫去，心思神遊霧裡雲外。迷迷糊糊之間，門外飄來了陣陣咖啡香，手也動得更加起勁了。忽然，燈亮了，人也被周遭的掌聲驚醒，低頭看見一頁又一頁的塗鴉畫作，乖乖！眞是心有所思，手有所爲。紙上畫了幾十個大小不一的咖啡杯，有胖有瘦，有高有低，有方也有圓，樣式雖然各自表述，卻有一個共同特徵，就是杯子的把手都畫在同一方向，全是右邊，毫無例外。

咖啡杯就是咖啡杯，把柄在哪一邊不都是一樣的嗎？但爲什麼都在同一邊，難道只有我這個人是這樣？我靈機一動，起身要求一百多位聽講的師生幫個忙，請他們隨意在紙上畫一個咖啡杯、一把菜刀、一隻雨鞋，還有一部小轎車。

仔細分析這一百多幅圖畫，結果非常清楚，有九〇%以上的人都把咖啡杯的把手畫在右邊，八〇%以上的人把刀柄畫在右邊，但卻有七〇%以上的人把雨鞋的鞋頭畫在左邊；最有趣的是轎車的車頭方位，有將近六〇%的人車頭向左，而當我進一步把開車和不開車的資料分開，則前者把車頭向左的比例就增加到七五%「左右」。顯而易見的，人們對於不對稱圖形的記憶是有一定的「偏見」，偏見的來源也很明顯，因爲我們大部分的人都慣用右手（右利）。這個看法很容易得到支持，因爲那幾位將杯把畫在左邊的人，都是左手慣用者（左利）。

我們用右手握把、舉杯，用右手拿刀柄切菜、削水果。所以當我們要畫咖啡杯和菜刀時，很自然就將杯把和刀柄畫在面對它們時的右手邊，好拿嘛！雨鞋呢？詢問那些把鞋頭畫在左邊的人，答案也很一致，都是畫右腳的鞋，他們說：「想像裡穿上去就可以往前走了。」這個答案給我們另外一個新的啓示，原來，向前走就是向左邊的方位去。所以，開車的右利者把車頭向左，表達的是由左邊的駕駛門上車，開了就往前走。

這一點說明是否正確，也是可以驗證的。我找了一位在香港教書的朋友，請他班上的學生同樣去做畫咖啡杯、菜刀、雨鞋和轎車等作業。前三者的結果和台灣的結果非常一致，但

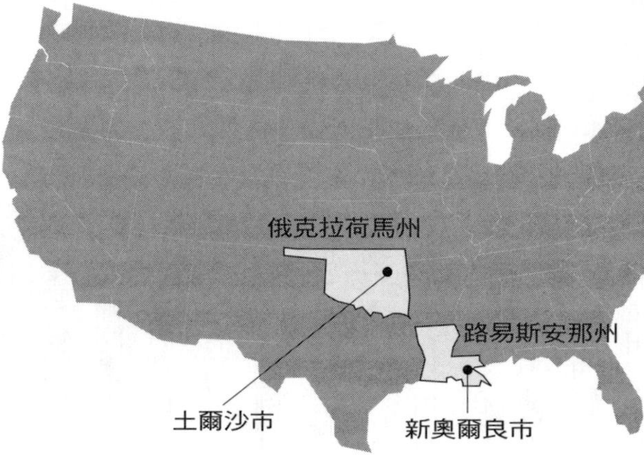

轎車頭方向的結果卻恰好和台灣相反，也就是說，在香港開車的人（香港駕駛座在右邊）有把車頭朝向右邊畫的偏見。看來，一張隨手畫的圖，竟然可以反映出個人的生活經驗，真是不可等閒視之！

圖畫裡所反映出的偏見，並不只限於物件本身的影像而已。我也曾要求美國加州大學的學生就印象所及畫出俄克拉荷馬州和路易斯安那州的地圖，學生個個胸有成竹，畫出來之後，才又驚訝的發現把東西向顛倒過來的人有那麼多。原來，前者的地圖像一把菜刀，刀柄在左邊；而後者像一隻雨鞋，鞋頭朝右。但很多學生都把前者畫成刀柄在右的菜刀形狀，而把後者畫成鞋頭朝左的雨鞋形狀。以前常聽說，很多人開車到這兩州時常常迷路，因爲他們在印象中把州裡市鎮的左、右方位弄混了，以至於找不到要去的市鎮。

這些現象說明了，我們腦海裡的每一個概念，都不是那麼理性和超然。概念的形成總是夾纏著生活的歷史經驗，反映的是我們和環境的互動所產生的心理圖像，這些圖像相互交織，形成個人的性格表徵。有時候，看一個人的隨手塗鴉，可以一窺他內心的機密，怪不得，前人有言：「一幅畫，勝過千言萬語！」（《科學人》雜誌，二〇〇四年二月）

6 爲什麼不多給點小費？

本金付得越多，
小費的比例卻反而降低。

出國開會我總是輕裝便履，除了背上的筆記型電腦外，頂多是一些簡單的換洗衣服、幾本正在看的書，以及上兩個星期才出爐的科學期刊，還有學生的論文和作業，當然，不能忘了睡前必讀的小說，就這麼一個小箱子拉著走，上機不必托運，下機不必等著領行李，很快就過關，一出了機場，走到計程車招呼站，乖乖！一排人在等。好吧，等就等，也別無選擇了。

從機場到開會的大飯店，聽說有一段距離，不知道要多少錢，我向排在前面的一位女士請教。她說：「嗯，是蠻遠的，大概要八、九十美元，還要付來回過橋的費用，一百多塊錢總要吧！」是有點貴，但不曉得還要不要加小費？我順便再請教這位女士。她想了一想，建議說：「一般而言，給個一五%就差不多了。但你要付這麼多錢，也許小費就不必給那麼多了！」我坐上計程車，一路往郊區開過去，兩旁的風景很美，青山綠水，草原遠處，一戶戶人家錯落有致，令人心曠神怡。但是我的眼睛卻斜瞟著車資錶，總覺得數字怎麼越跳越快，心裡一再盤算要給多少小費。車資在二十元的時候，我心想給個三元差不多了。跳到四十元時，六元小費，馬馬虎虎啦！到了八十元，我心裡開始覺得要給十二元，好像多了一點！等跳到一百元時，飯店也快到了，算一算十五元小費，似乎不大合算。終於到了飯店，車資一一○元，加上來回過橋費各十元，總共一三○元，我到底應該給多少小費呢？一五%是十七・五元，感覺上好像太多了，而且我沒有行李讓司機搬運，乾脆給十三元小費，湊個一○%吧！司機人很好，說他剛排上班就載了這趟長程，運氣眞好！說了幾聲謝謝，很滿意地走了，好像也沒有覺得小費拿得不夠多，只是我的心裡有那麼一點點不安——爲什麼不多給點小費呢？

到飯店的櫃檯，辦了check in的手續，進房間洗了個澡，就下樓和大夥一起吃晚飯。十幾個在全世界各地教書做研究的老同學、老同事、老朋友，難得一聚。飯店餐廳的龍蝦大餐遠近馳名，所以大夥盡情的點一些平日吃不到的佳餚，也選了較名貴的酒品，平均下來，每個人差不多花掉了八十元左右。大夥決定採取「荷蘭」式的付錢方式（go Dutch，即各付各的），每個人把自己的帳單付了，又加上自己應付的小費十二元，全部的錢集中起來，帳單的總數是一、二〇〇元，小費以一五%計算，應該是一八〇元。鈔票都攤在桌上了，突然間有人說：「爲什麼給這麼多小費？我們已經付了這麼多的餐費，給一二〇元小費就夠了，也有一〇%了。」拿回六十元，大夥分一分，大家也覺得蠻「合理」的。只有我在一旁覺得怪怪的，爲什麼個人消費八十元，就願意出十二元小費，但等到把所有的人的錢集中在一起，又覺得一個人出十二元小費太慷慨了呢？

這種本金付得越多，小費比例卻反而降低的現象，姑且稱之爲「數值增大的負向效應」（negative magnitude effect），似乎是很普遍，而且深入人心。我問大夥坐計程車來時，付了多少小費，答案非常一致，幾乎沒有一個人付一五%的小費，大多數人像我一樣只付了一〇%。我利用開會的這幾天遍訪了餐廳侍者，也訪問計程車司機，他們的答案也都是一樣，總帳越多，小費的比例就減低，這似乎成了一項規律。但當我問做頭髮的女士是否有這種負向效應時，卻大大的碰了一個釘子，她們搖了搖頭說：「再貴也不敢少付小費，美容師是得罪不起的，想想看，是髮型的美觀重要，還是省那些小費重要呢?!」看來，這個數值增大的負向效應還是有一些規範的，不但會因親疏而有別，且「美觀」比「好吃」更會使這個效應大打折扣。

我這趟出國開會眞是受益良多，除了專業的知識增進之外，在生活道德的層面上也豐富了不少。你知道嗎？回程時，我在一三〇元的車資外，另加了二十元小費，算是彌補去程時的負向效應，雖然司機並不是同一人。但科學家看數據，哪能看個人，要看的是整體！所以，就統計的意義而言，我也是爲總體經濟的平衡做出努力了！（《科學人》雜誌，二〇〇四年五月）

7 語言在生活中

要學好它，
就要生活在語言中。

史密士先生是美國加州大學的企業管理所碩士，畢業後在矽谷一家電子公司擔任行銷部執行副總，能力很強，待人處世也很得體，深得上級長官的賞識。兩年前他被派到台灣分公司，成了獨當一面的總經理，果然是學有所用，公司業務蒸蒸日上，大家都喜歡他。他在加大時曾經上過我的普通心理學課，來台灣後，偶爾會來找「老師」聊聊天，打打球，也一起去看場電影，我們變成了好朋友。

兩個月前，我到新竹交大去做場通識演講，講完後順道到他公司去看看他。走進他的辦公室，他正藏身在一疊文件後面，忙得不可開交，看我來了，高興的對著我咧嘴一笑，眉毛挑高，充滿問候之意。只聽他向我嗨了一聲，就轉頭向公司的小妹交代：「拿一**座**釘書機來！」

小妹口裡喃喃有聲：「一**座**釘書機？」我也好奇的想看看這「一座」釘書機是何方神聖?!只見小妹手裡拿著一**個**小小的釘書機，抿著嘴笑著說：「您的『一座』釘書機來了！」我也笑了。史密士看我們笑得詭異，搔搔頭說：「What?」大夥兒笑得更開心，我說：「一**座**，是用來修飾很大的物件，而且不動如山！」史密士歎了一口氣，說：「又用錯分類詞了?這眞是我學說中文的最大苦難。」其實史密士的中文能力是相當好的，不但流利，四聲也分明，但是他亂用分類詞也是有名的！

他從抽屜裡拿出一本筆記本，上面密密麻麻寫滿了他學中文的各項心得。他翻到中間的某一頁，上面特別註記著：「一**首**歌、二**隻**駱駝、三**張**桌子、四**門**炮、五**把**扇子、六**輛**汽車、七**架**飛機、八**根**柱子、九**條**絲瓜、十**面**鏡子、十一**尾**魚、十二**道**菜……。」他指著這些各式各樣的分類詞，一臉無奈的說：「這有道理嗎？」

我說：「這算什麼！」就隨手寫下了：「一**匹**馬、二**頭**牛、三**隻**猴子、四**條**狗、五**口**羊、六**盞**燈、七**畝**田、八**扇**窗、九**枚**火箭、十**只**戒指！」史密士屏了一**口**氣說：「我現在是一**顆**頭，兩**粒**大，更糊塗了，還有嗎？」

我說：「你只能說一**輪**明月，但不能說一**輪**月亮；兩**匹**馬可以，但兩**匹**駱駝就感覺怪怪的。一**葉**扁舟是形容其小而漂浮不定，一**座**山則是碩大而穩重。一**支**舞曲會令人感到腳底輕盈；而一**道**彩虹則令人覺得前程似錦，充滿希望。對會喝酒的人來說，一**缸**好酒是海量，一**罈**好酒是有量，一**瓶**好酒是小量，而像我只能喝一**盅**好酒，是雅量！還有，說你打得一**手**好球，是褒你；讚你打得一**口**好球，是損你！一**則**新聞表示繽紛世事中的一個小故事，而一**條**法律則表示條理分明，白紙黑字，但**條**不像**根**那麼硬梆梆的，軟軟的就有協商的餘地。一**支**部隊，讓人有非常機動的感覺，而一**股**力量，則讓人感到一股作氣的氣勢。但我實在喜歡一**片**火海、一**片**眞情、一**片**痴心、一**片**歡騰，還有，一**片**混亂！它們都讓人感到生動而且充滿想像力，否則哪會有一**串**鈴聲的清脆，也不會有一**落**書籍的沉重，更不會有陽關三**疊**的起伏了！當然，談到緊張的情勢，哪有十**面**埋伏來得傳神。」

我越講越興奮，但史密士已經跌坐在他的沙發椅上，一**臉**挫折，哀怨地說：「這誰學得會呀?!」我趕快安慰鼓勵他一番：「我們不都學會了，而且也沒有人特別教我們。語言的習得本來就是把隱藏在社會語言中的各項規則，透過生活裡的各類經驗，慢慢內化爲腦海裡的語法算則。想要學得好，一定要多聽、多想、多說，多跟大夥兒打成一片。語言在生活中，所以要學得好，就必須生活在語言中。」

我把他從辦公室拉上車，進了一**間**電影院，買了兩**張**票，狠狠的看了三**場**電影，直到天黑了，就到路邊攤，叫了兩**碗**麵，切了四**盤**小菜，喝了五**罐**台啤，酒足飯飽，臨走時還包了六**根**香腸，外加一**籠**湯包，預留當宵夜。他看著我，調皮地說：「幫我叫一**部**計程車，載我回新竹那一**棟**可愛的公寓！」他倒都說對了，洋儒子也可教焉！（《科學人》雜誌，二〇〇四年六月）

語言本能：人類文明表徵的最後防線？

平克提出的許多議題都引起相當多精彩的爭論，而且使得語言科學的研究，由基因到文化層面，無所不包。那蓬勃的氣勢，令人屏息！

在遠古的神話裡，人自認爲是上帝的子民，一切的榮耀與尊貴都以人爲本。在人們自己的想像裡，宇宙萬物都是環繞著人的本尊而生出萬象。因此，日、月、星、辰，都是隨著人的作息而出而沒。人既然是一切的主宰，就必須有更高的身心修練，因此天行健，君子要自強不息。

但這一幅以人爲尊的景象在歷史的曙光中並沒有被反映出來，反而是越來越多的「科學發現」，使得這樣的信念變得越來越不可靠。首先，觀察天上星星的科學家給了人們第一個打擊，他們說「不是太陽繞地球，而是地球繞太陽」。由於主客易位，家園頓失中心。接著那些研究古生物骨骼的研究者又說，人的遠祖其實是樹上遊走的猿類，既非神聖體的化身，更不是天帝的嫡子。這第二個打擊直中要害，因爲物理中心的移位所帶來的震撼，遠小於生命源頭的尊榮之幻滅！

這一前一後的打擊由外而內，由物界而及人體。緊接下來的打擊，才眞是不折不扣的致命一擊，因爲沒有了體，我們仍然有萬物所不能及的精神面貌——理性。所以當那位維也納的醫師說我們其實隱藏在潛意識「非理性」的動機裡，而且提出那麼多令人不能正視的案例時，我們就不得不承認，人的行爲與理性之間眞不能劃下等號的，而一切外顯的尊榮，都是各種防衛機轉的僞裝。這一個赤裸裸的描繪，把人性中最自以爲尊貴的理性都給剝下來了。所謂「人之異於禽獸幾希？」的「希」到底還剩下什麼？

有人說剩下的雖然不多，但有無之間的差距絕對是天壤之別，然後他們就指著語言說：「就是這個語言本能，使人們天生稟賦，得以超越萬物！」語言本能就這樣變成了人類文明表徵的最後防線！但我們守得住這個看似緊密、實則危機四伏的精神「堡壘」嗎？史帝文・平克（Steven Pinker）是少數堅持「正面」看法的科學家之一，他也是少數幾位有資格、有本錢的戰將之一，而且他也可能會贏！

在這本《語言本能》（*The Language Instinct*，編按：中譯本商周出版）中，他眞是表現得火力十足。而且所排出的陣仗，也確實把據點守得滴水不漏。任何想了解人類語言與認知系統的人，都必須把平克這本書徹底讀一讀，再想一想！這本書文字優美，內容豐富，而且思維細膩，妙語如珠。平克引經據典，卻一點也不讓人感到繁重；他平實立論，嚴謹推論，然後輕輕鬆鬆下結論，一氣呵成，讓人在不知不覺中，不得不贊成他的觀點：「如果不是本能，我們怎麼可能以那麼幼小的心靈，去學會那麼複雜的語法體系？」

對於語言本能論的觀點，我實在無法像平克一樣的樂觀。但我實在欣賞他的寫作、他的論證，以及他的豐富知識背景。我認爲他對這二十年來的研究數據做了非常優異的整合與評估；但我同時認爲，近幾年的研究發現正在對前面二十年的整套想法做最嚴厲的挑戰。例如，腦神經的可塑性比我們想像的更有彈性，而初生嬰兒的認知能力長久以來就被過度低估了！此外，我們以往也過分忽略語言習得的個別差異，所以就過分依賴內在理念（innate idea）的展伸，而不去了解環境中確實提供相當多的線索來引導嬰兒的牙牙學語。從最近腦造影研究的相片中，我們看不到固定的語言的器官（faculty），我們看到的圖像因語言運作的功能而產生不同的分佈型態，與其說它們像模組，倒不如說它們更像是一堆積體電路的反映！

但話說回來，平克書上所提到的語言本能之論證，仍然是不應該被忽視的，沒有那些learnable的語法規則之爭辯，就不會讓我們思索它們背後的語境因素以及它們所必須的作業需求（task demands）。平克書中所提出的許許多多的議題，都引起相當多爭論。這些爭論相當的精彩，而且使得語言科學的研究，由基因到文化層面，無所不包。那蓬勃的氣勢，令人屏息！（《語言本能》推薦，一九九八年五月）

9 上高山尋知音

能想到利用高山上的稀薄空氣達到使正常人自然缺氧的點子，實是有夠創意！

在《窈窕淑女》（*The Fair Lady*）這部電影裡，希金教授展示了早期語言學者分析語音的各種最原始的工具。由簡陋的音叉、手搖式留聲機到音頻振動儀等，都曾經在研究世界各地語音的基本性質上發揮了效用。

但這些儀器，現在看起來笨重，用起來很麻煩，又只能執行單一的功能，實在很不方便。現代的語音研究者只要攜帶一架輕巧的小錄音機就可以跑遍天下，去登錄各地的語音；回到家裡，再用個人電腦加上一些周邊設施，就可以把錄下來的語音經由特殊的程式解析得層次分明。

工業技巧的增進，確實提升了科學研究的品質，但是研究主題的掌握，以及如何突破實驗困境的決策，還是得靠研究者本身的思索與創造能力。沒有「人」的巧思，空有一堆先進的儀器也是枉然！

　　最近有一組研究者，爲了解決語音分析裡的一個令人迷惑的現象，就做了一個相當有趣的實驗，而且什麼地方不好做，卻偏偏跑到喜馬拉雅山安排實驗的情境，可以說是：「千里尋祕不辭遠，萬丈聽音無畏寒。」

　　研究的緣由是這樣的。近代實驗語音學從音譜分析儀的繪圖上，可以看出「伯」bo和「婆」po的發音，差別在b和p這兩個音素（phoneme）發出音時的前三十個毫秒上。前者是一開始就振動聲帶voiced，而後者則無voiceless。

　　從音譜圖看起來，b和p的嗓音起始時間，大概有三十到五十毫秒的間距，這在正常人的語音上很容易分開來，但是研究者卻有一個特殊的發現，即患有帕金森氏症（Parkinson's disease）和失語症（aphasia）的腦傷病人，在發出帶音的聲母（如b、d、g等濁聲母）和不帶音的聲母（如p、t、k等清聲母）時，它們兩者之間的嗓聲起始時間，竟然沒有分隔，且有重疊的現象。

　　這表示說，這些病人對發音器官無法準確的掌控其啓動的時間。有些科學家認爲病人之所以如此，是因爲腦傷引起缺氧，再導致肌能失調的現象。這個假設很直接，但要如何證實呢？

總不能把正常人帶到實驗室來個人爲的缺氧以觀後效吧？這樣做，不只是缺氧，實在是缺德，而且也沒有人會自願做這個嘗試的。布朗大學（Brown University）的李伯曼（Alvin Liberman）教授想出了一個點子，找到了自然缺氧且不傷人體的環境，那就是喜馬拉雅山的高峰上。

李伯曼要那些攀登聖母峰的人，每升高一千呎就利用無線電向地面的連絡站念一系列包括有濁聲母（b、d、g）和淸聲母（p、t、k）的語音，再把錄下來的語音放到電腦程式下解析其音譜，果然如預期的一樣：爬升到越高的山頭，登山者明顯感到空氣越稀薄，而在這種缺氧的狀態下，他們發出的b和p就越來越分不出來它們嗓音起始的關鍵點，也就是說科學家的假設被證實了！

科學家爲了解語音的一些特殊現象，實驗由平地做到幾萬呎的高山上。現代的無線電傳播工具當然使這樣的研究變得輕而易舉。但能想到利用高山上的稀薄空氣達到使正常人自然缺氧的點子，實是有夠創意！（《聯合報》「科學向前看」專欄，一九九四年七月）

第5篇

科學之美

1 大目仔，你先唱！

為免求偶未成身先死，
眼睛可要放亮點。

從陽明大學圖書館後方的石階往上走，兩旁林木遮天，綠蔭如幕，身在其中，衣襟隨微風而起舞，心情也不禁隨樹影而婆娑，片刻之間，總能忘盡俗事，頗得超塵之意境。尤其，神農坡上滿山盡是各類鳥鳴交錯，萬絲天籟之音不絕於耳，宛如人間仙境。幾年前，我忙裡偷閒，總會在清晨漫步在這條小徑上，盡情享受這自然界的旭光交響樂曲。

有一回，天還未亮，我就急著到山上的實驗室去看一些資料，走在幽暗的小徑上，除了稀稀疏疏的幾盞路燈外，不見其他人影，偶爾一兩聲微弱低沉的蟲叫遠遠傳來，更少了平時熟悉的鳥鳴之音。我忽然好想念牠們的歌聲，可是夜深鳥靜，牠們會在哪兒呢？我不敢發出太大的聲響，眞怕吵醒了牠們，卻又很期待再聽到那自然界的和諧樂音。躊躇徬徨間，我坐下來，在石階上沉思等待，也讓實驗室裡的資料等一等我。就在旭日初昇樹林裡漸漸亮起來的瞬間，忽然一串鳥聲劃破寂靜的夜色，彷彿在提醒人間，天已經亮了，該開始幹活了。

此起彼落的鳥鳴聲，很快的充斥整個林間，唱奏一首首熱情洋溢的生命交響曲。我坐在那兒，感受到　次非常美妙的經驗，心中卻又開始為另一個忽然浮現的問題所困擾：那隻唱出清晨的第一聲鳥鳴，然後把大夥兒都叫醒的鳥哥兒們是誰呢？

第二天，天未亮之際，我又坐在那片樹林裡的石階上屏息以待。我聽到了同樣的鳥聲，總是在清晨的旭光中搶先出現。第三天、第四天，第五天……也是如此。這會是自然界的一項規律嗎？我開始好奇，想要找到答案。我請教研究鳥類的專家，眞的有人告訴我：誰先被陽光喚醒，誰就先唱。可是這答案等於沒有解答，因為先唱的等於先醒的，先醒的又等於先唱的，不是沒完沒了嗎？

爲了滿足越來越高漲的好奇心，我只有努力往科學期刊去找尋科學的答案了。英國的皇家科學院（Roya Institution）果然有答案，而且確實是和陽光有關！科學家到各種鳥類群居的地方，用精密的儀器實地測量唱歌先後和眼睛大小的關係，他們發現眼睛越大的鳥就越會率先唱歌。爲什麼和「大目仔」有關？因爲唱歌是求偶的必要手段，但清晨光線不夠明亮的時候，只要一出聲，就容易被捕食者發現自己的方位；唱得太高興，也聽不見捕食者逼近的聲音，難免有「求偶未成身先死」的危機。最好的策略是等到光線足夠到讓自己能眼觀四方時，才敢放聲一唱，而眼睛越大，就有更多的視神經細胞可以接受外界光線來增強視力，以看清環境避免危險。這是自然的選擇，令人讚歎！

也就是說，先引喉高唱的，先吸引異性的注意，也就越有機會先求偶成功，容易把牠的基因遺傳到後代，因此，眼睛越大是能帶來社會行爲（求偶）的好處的，這是一種自然天選的指標。人類也喜歡大眼睛，眼睛大常常被認爲是漂亮的象徵，這樣的審美標準可能是有生物基礎的，這也許是人類身上殘存動物性的痕跡之一。

知更鳥眼睛比一般麻雀大，早上的時候也確實比較早發聲唱歌，英國的學者可是有根有據的。

台灣的鳥兒也是如此嗎？「大目仔」，你說呢?!（《科學人》雜誌，二〇〇二年十月）

2 D≠D vs. D=D

「不一樣」並不表示心智能力不相等，不一樣其實指的是多樣性。

拉柏夫（William Labov）簡直不能相信自己的眼睛，這不是他嗎？這明明是早上在學校裡被大家認爲是心智障礙的男孩。此刻，男孩正在火車月台上俐落的分派工作、指揮工人把貨物分類。大大小小的箱子該送往哪裡，該用什麼車箱裝運，不同的城市必須放在不同的角落，所有貨物充滿了複雜的階層式分配，他卻分得清清楚楚。他唏哩呼嚕說著像英文又不是英文的話，但每個工人都聽從他的指令把貨物放到該放的地方，一切井然有序、條理分明。

拉柏夫在一旁靜靜觀察了數個小時，不禁歎爲觀止。怎麼一個被一般人認爲心智有缺陷的人，在這樣複雜的統領情境中卻能運籌帷幄、指揮若定，完全是一副非常有智慧的運作體系，他不禁爲自己早先的偏見感到訝異和汗顏。

拉柏夫任教於美國賓州大學，是當代最有名的語言學家之一，他以研究各地不同的英語方言著名，此刻正在調查費城貧民窟內小孩的英文語言能力。他發現這些小孩連老師講的簡單英文指令都聽不懂，這符合當時心理學界的說法：黑人的心智能力天生就不如白人，而這反應在他們的語言能力上。

回去後，拉柏夫領導一群研究者深入觀察語言的結構，發現那些人的語言並不是一種缺陷的英文，而是一種不一樣的英文。由於先入爲主的主流觀念，把不一樣的語言視爲一種缺陷的語言，以爲他們表達意義的語言內碼是有限制的，因此他們不但缺乏彈性，靠這個語言也不可能有所創見的。從火車站的景象看來，拉柏夫猛然醒悟以前的理論是錯的。

有一個大家更熟悉的故事是，蕭伯納（George Bernald Shaw）的《賣花女》（*Pygmalion*），也就是後來改編成由奧黛麗・赫本（Audrey Hepburn）主演的電影《窈窕淑女》。劇中，飽學多聞的教授和他的貴族朋友打賭，他能改變市場裡賣花女的英文口音，而只要能改變她的說話方式，學會標準的英文，就能改變她貧乏的心智，並讓她晉身到和自己一樣的階層。

這兩個故事都很明顯的指出來，主流文化總是恐懼和自己不一樣的文化，因此就容易把不同的語言文化視爲次等的心智，強迫他們遵循主流。如果我們有從上面兩個故事得到教訓的話，應該知道「不一樣」並不表示心智能力不相等：Difference ≠ Deficiency。

美國的印第安人，從小的溝通和教導都是用一種非常隱喻和比擬的方式進行。大人對小孩問話的基本模式通常是 What is it like? 這和一般主流社會的知識的建構 What is it? 有顯著的不同。當印第安小孩進入學校後，他們往往以「這像什麼」來回答老師「這是什麼」的問題，而老師不能理解他們的文化，就認定他們答非所問，輕易把他們貼上心智能力不足的標籤。如果我們能從另一個角度來看他們的文化，「這像什麼？」實在是一種詩情畫意的描述，一種感受型的叙事方式，而非標的物的指稱形容！

能欣賞不同的方式才是重要的。就像有些語言稱蝴蝶爲「飛花」，稱小魚爲「蝦姑」，而把水稱爲「夢游者」，不都是很美的嗎！其實，Difference = Diversity，不一樣其實指的是多樣性，能襯托出世界的多采多姿，生命才豐富而美麗。接受「不一樣」只是個開始，理解「不一樣」需要時間，等到欣賞「不一樣」融入我們每一個人的生命時，世界才可能有眞正的和平。

站在紐約的「九一一恐怖攻擊遺址」（Ground Zero）的旁邊，耳邊響起了摩洛哥穆斯林流行樂團的歌曲：「我們都來自同一位天父，但爲什麼你要如此對待我？」聽著，聽著，任淚水模糊了視線……（《科學人》雜誌，二〇〇二年十一月）

3

紐約，紐約！

好奇、求知、創意與心靈感受，是人類文化中最珍貴的動力。很高興我還保有這份純情，您呢?!

紐約的生活型態眞是無奇不有，最近幾次在紐約晃盪的一些經驗，讓我感受特別深刻。說給您聽聽，讓您也體會一下紐約生活的多采多姿！

我的朋友是個老「紐約客」，對溝通市內外的地鐵、公車的路線與時程，瞭若指掌；尤其對市中心曼哈頓大街小巷裡有哪些店家，更是如數家珍。幾個月前，我路過紐約，開完會跑到他家裡準備好好敘舊一番，沒想到他一見到我就拉著我往外跑，邊走邊嘟囔著說：「讓你大開『鼻』界！而且絕對是『新聞』！」他到底在說啥？

原來是個拍賣場。但兩旁展示的東西卻很奇怪，全是玻璃瓶罐。瓶裡裝了各式各樣的罐頭食物，每個罐子外面還都貼了一張小紙頭，寫著一三八五、一七八七、一七六六等等的數字。我問老友，這是幹啥？他掀掀鼻頭，說：「是沉船年代，這些玻璃罐頭是在沉船上撈到的！因爲密封死了，所以罐頭裡的空氣並沒有洩出。如果有人想知道一三八五年的空氣味道如何，就可以出價買一瓶回來聞一聞！」

我簡直不敢相信我的耳朵（遑論我的鼻子！），但人潮洶湧，買家如流，不到兩小時，一屋子的瓶瓶罐罐都已名「瓶」有主，而他們個個都在一旁忙著品嘗數百年前的空氣。我當然也不落人後，搶購了一瓶一六五四年的橄欖罐頭，利用醫生打針使用的針筒小心地把裡面的空氣抽出來，再慢慢的把灌滿的空氣噴到鼻前——好像蠻新鮮的，但絕對不值得美金六十元！不過想想也還划算，這瓶罐好歹是個古董！

上個月初，我又到紐約開會，老友又是二話不說，帶我到另一個拍賣場。這次的客人帶眼鏡的特多，看來也好像比較有學問！果然，那天拍賣的全是世界上最有名的物理學家的第一版著作及手稿。愛因斯坦（Albert Einstein）顯然是大家的最愛，這次拍賣中最高價碼的十本書中，他的著作就占了八本。他的手稿也最搶手，其中，最引人注目的是西元一九一三年他與貝索（Michele Besso）早期發展相對論時的數學計算推演。這份一共五十多頁的手稿，讓人得以窺視人類歷史上最偉大心靈的創建歷程，最後以五五九、五五〇美元的價碼被買走了。

我不懂物理學，也不了解相對論。但對愛因斯坦的手稿中常出現的拼錯字，感到非常有興趣，因爲他有可能是天生的發展性失讀症者，有很強的影像思維，卻對語文記憶中的文字提取有困難。我很想把這份手稿借來看看，但它一下子就被買走了。看來，爲了研究我就必須跑一趟以色列，因爲那裡的國家圖書館也保存了他的另一份手稿。說起來也很好玩，我在物理學的衆多著作中，盡在想我的心理學問題。也許，這就是觸類旁通的創意思維吧！

牛頓的手稿也很搶手，一份西元一七一七年的加印手稿，以八九、六二五美元成交。但我最喜愛卻買不起的是一本愛因斯坦在西元一九一六年出版的有關廣義相對論的書，這本書是後來包立（Wolfgang Pauli，另一位諾貝爾獎得主）在年輕時用來自習相對論的書，書上還有包立閱讀時作的筆記和畫線的記號。書已經很舊了，可是我一眼望去，卻能看到兩份最偉大的心靈傳承與交疊的意像，讓我感動不已！但八三、六五〇美元我實在付不起。

午夜過後，地鐵上仍有不少人。老友沉默得出奇，我什麼話也沒有說，內心一直在回憶這兩次完全不同的拍賣場經驗，前者的「買空賣空」與後者的「心靈朝聖」都讓我激動不已。也許，這些「貨物」並沒有什麼實際的應用價值，但重要的是：好奇、求知、創意與心靈感受，絕對是人類文化中最珍貴的動力，我很高興我還保有這份純情，您呢?!（《科學人》雜誌，二〇〇二年十二月）

4 Goodbye, Dolly!

小小羊兒要回家，
只有媽，沒有爸！

Hello, Dolly!

一九九七年二月二十七日出刊的《自然》雜誌向全世界宣告，你以非常「不自然」的方式蒞臨人世。英國的科學家取出你媽媽的乳腺細胞核，放入你第二個媽媽已經去除細胞核的卵子中，通上短暫電流，用這種小把戲騙過卵子，讓它誤以爲自己已經受精而開始分裂，然後將它植入你第三個媽媽的子宮裡，一百五十天懷胎後，生下了你。你有芬蘭籍的基因媽媽、蘇格蘭的卵子媽媽與代孕母媽媽，每個都是你的生母，沒有羊比你有更多的媽媽了，但爸爸的角色與概念對你卻毫無實質意義！科學家幫你取了個響亮的名字，就與那位知名的美國鄉村女歌手桃麗·巴頓同名。

一夕之間，你的出生，讓許多科學家難以成眠，驚動了各國政治領袖召開公聽會，全世界媒體蜂擁至你出生的地方羅斯林，一個位在愛丁堡郊區與世無爭的小鎮。你成爲全世界最有名的羊，但小鎮居民說，不過就是一隻羊！放眼望去的草地上，到處都是！

你的確值得讓人大驚小怪！誰能想到，向「神」挑戰生命的誕生，竟是一頭羊。雖然在此之前的幾十年，複製的概念就被提出，科學家也成功複製過青蛙，你的出現，在理論上實無增進之處，但技術上卻帶來巨大的突破。因爲你是用成體細胞複製出來的第一隻哺乳類動物，以往許多科學家認定這不可能會成功，你的出現把理論上的可能變成技術上的高機率可能，也意味著科學上的許多可能性，人類就要可以複製自己了嗎？美麗新世界就在不遠處了嗎？你帶給許多人希望，也挑戰人類的價值系統、智慧與尊嚴，逼使人類嚴肅面對：人究竟是什麼？生命爲何物？我們的抉擇是什麼？關於你的爭論，始終不休。

你的出生，也透露出很多科學上的訊息。你身後遺留六名自然生產的子女，讓科學家知道原來複製羊會生小孩。你這輩子沒有在草原上奔跑過，沒有吃過一頓青草，科學家怕你生病，把你養在穀倉裡保護，餵你羊食，每個好奇去看你的人，都會帶食物給你吃。你的過分肥胖是因爲愛吃，還是複製過程中基因產生了突變？你的霸道，搶他人食物，一副羊中女王，和我們所知道的羊群和善的個性極不符合。這些看來相當不合群的反社會行爲，難道是因為人工生殖所造成的結果嗎？然而，在科學上，單憑個案無法決定結論，所以至今科學家仍然為你爭論不休。如果英國科學家再取你的基因，再複製一隻羊，她的生、死、個性，或許能夠為目前的紛亂尋找到一些解答。

二〇〇三年二月十四日，賦予你生命的科學家向世人宣佈，為了避免你繼續痛苦於無法治癒的肺病，決定賜你安樂死。你卒於羊年，莫非是因為沒有安太歲？還是純屬巧合？如今，我想為你寫幅輓聯，但不知是該送你白色輓聯，哀悼你的「英年早逝」；還是應該在紅色輓聯上，追思你的「壽終正寢」。你才六歲半，以羊的平均年齡十二歲左右看來，實在是很年輕，差不多是人類的四十多歲，的確是「英年早逝」。但你從三歲起就被發現有了早衰現象，五歲半又被診斷出患有老年才有的關節炎，難道你的真正死因和快速老化有關？用你六歲母親的細胞複製了你，你一出生下來的基因年齡是不是就已經六歲了？這樣算來，你死的時候已經十二歲半，如果你不是「壽終正寢」，那些老化證據又該作何解釋呢？

這使我們尷尬，我們到底怎麼去計算年紀？算的是臭皮囊還是基因的歲數？如果基因本身就傳承了年齡的概念，那麼生物起源有多久，我們就活有多久，我們每個人都已經活了幾億年，而臭皮囊只是一個臭皮囊?!你是否用死諫的方式警告人類別太樂觀，複製這項技術仍然年輕不純熟，人類對於很多事情還不了解，雖然技術層面有一天終會解決，但只要那天未到，我們就不能貿然在人類身上做同樣的事情？

在科學家眼中，兩性結合與愛情都是生物爲基因傳承而演化出來的文化策略，因爲兩性生殖比單性生殖更能確保基因的多樣與抵抗力，在生存戰爭中有利於世代的繁衍，所以雄性動物長相漂亮是爲了取得雌性的青睞，擅於唱歌則是求偶的必要手段，到了人類身上，出現了各種不同考量與計算的愛情遊戲，上演一齣齣悲喜交錯的愛情故事。

然而，二十世紀末，你以無性、單親生殖的方式登場，是否預告人類，男歡女愛將不再是基因傳承的有效與必要的策略了？那麼，流傳不朽的莎士比亞、纏綿悱惻的梁山伯與祝英台式的偉大愛情，還值得我們崇拜嗎？人類會不會對愛情不再存有憧憬與幻想？歌頌偉大愛情將不再是文本、戲劇的創作主題了嗎？多麼巧合，在情人節當天，你結束了傳奇的一生，是否也宣告兩性的愛情遊戲也將終止?!

你的一生充滿爭議，實在不凡！無論生與死，都對人類拋出許多科學及人文上具有深遠意義的問號，我們還沒有答案。有一天，當這一切有了解決之道，我一定會到愛丁堡的蘇格蘭國家博物館探望你的遺體，向你描述那時的美麗世界。如果不是我，也會是一個長得很像我的人，那，一定是我的基因後代！

Goodbye, Dolly!（《科學人》雜誌，二〇〇三年三月）

5 數字會說話

數學之美，
不就在它對萬物的一視同仁嗎?!

如果在一個由十人組成的委員會裡，有兩位委員對所有的議題多年來都持相同的意見，那麼由數學的觀點來看，決定這個委員會運作的成員，其實只有九個人；如果其中有三位對所有的議題長期持相同的意見，則委員會的實際運作人員只有八個人；如果有四位持相同意見，則實際上只有七個人發揮功用……。以此類推，十個人都持相同意見，實際上的運作雖然有十個人頭，卻只有一個意見，整個委員會就是一言堂，美其名爲共識，但實質上卻是獨裁。

反過來說，假如在歷年來各項決議案上，十位委員有十個各自獨立的投票記錄，找不出兩個相關的型態，每一個人都不受他人影響，則這個委員會的實際運作人數就是十。這是另一個極端，表示這十個委員並沒有建立任何可能形成共識的理念基礎。

當然，觀察其中兩位委員的投票記錄，也許符合的程度不是百分之百，而是百分之九十，或百分之八十，或百分之七十……，隨著雷同程度的減少，由某一位委員準確去推測另一委員的投票行爲的可能性也隨之降低，這是統計上相關的概念。因此，利用統計的方法，我們可以算出其間的相關係數，也可以算出一組人是否屬於同一型態。如果十位委員的投票記錄形成兩個明顯群聚，就代表兩種不同的理念（譬如保守主義與自由主義）、兩種不同的意識型態，或兩個政黨、兩個派系的意見。

所以，在一個多元價值的民主社會裡，十個人只出現一種聲音，當然不是理想的運作方式；十個人有十個聲音，七嘴八舌的沒有共識，也絕非理想狀態。在一與十之間，中間數五、六應該是較理想的指標。

有一組數學家利用上述概念寫出計算的程式，去分析美國九位大法官在過去八年來對各項重要法案的投票記錄。分析的結果，九位大法官其實代表了四・六八位「理想法官」的意見，這表示九位大法官確實是具有獨立判決，不受他人左右的精神與行誼。他們也分析了四三五位眾議院議員的投票記錄，結果出現了兩個明顯的群聚，正好反映了屬於兩個政黨（民主黨與共和黨）的議員的政治理念。同樣的分析也用在一百位參議員的投票行爲上，結果顯示在兩個大群聚之外，另外形成許多小的雜音（noise），這表示有些參議員是「違紀」投票，並不全然聽令於黨的指揮。

政治決策對個人而言是一項很複雜的行爲，但長期追踪一群人的決策表現，卻可以用簡單準確的數學來說明其行爲的含義，令人不得不大大驚歎這些數學家捕捉心靈變化的能耐！

其實這個數學方程式的基本概念在一九五〇年代就被夏儂（Claude E. Shannon）提出來，是資訊理論的一個最重要的數學公式，主要在測量事件發生的不確定性，多年來被應用在各式各類的問題上。最早是被應用在物件的型態認識上，以及測量漩渦中的流體狀態或測量臉形認知，最近也被應用在測量腦的結構，如今，用在複雜的決策行爲，也眞是令人耳目一新。我不禁要想，如果也有人用這樣的方式來分析我們的大法官歷年來對憲法的解釋，或我們國會議員的投票行爲，不知道我們將會看到什麼樣的結果？

但其實最令我感動的是，這些表面上看起來多麼不一樣的問題，竟然可以用同一個數學公式來加以分析描繪。數學的美，不就在它對萬物的一視同仁嗎?!（《科學人》雜誌，二〇〇三年十二月）

6 跑馬溜溜的秘密

生活情境中，充滿了科學的知識，
有心求知，隨時隨地都會有永不歇止的挑戰！

我喜歡騎馬，喜歡高坐在馬鞍上，用兩腿悄悄地知會座下馬匹何去何從，也用身體的輕輕擺動，傳達方位與加速或減緩的信息。漫走鄉間，穿過樹林，自由自在，「唯我獨尊」！有時縱馬奔馳，把萬物拋在身後，享受那晃動中的寧靜，看馬的前蹄踢得好高，任清風在耳邊呼嘯而過，與馬同在的感覺眞好！

不騎馬的時候，我更喜歡趴在跑道邊的柵欄上，看馬行走的樣子，尤其看馬由安步當車，到小跑步，再到飛奔時，四條腿相互協調的動作，眞的非常好看。我常常看到入迷，特別是馬由快跑到奔馳的那一瞬間，原本是前後腿的交互動作，忽然變成前後兩組各自分合的跳躍動作。一起一落之間，盡是速度與力量的美。英文有特別的詞彙gallop，用來形容躍馬奔馳的畫面。

四條腿交叉行走的協調工作，與前後腿齊步跳躍的協調工作，從外表看來，是相當不同的。難道說馬由跑步到奔騰，牠的腦必須發展出兩套運作機制不成？聽起來是有些不可思議，但眼前清清楚楚的兩種動作，卻不得不讓我做如是想！所以我就帶了錄影機，架在跑道旁，一一拍攝馬由慢走到小跑步，再到快跑步，然後躍奔的動作。

馬跑起來速度很快，奔馳如飛時，更令人目不暇給。錄影下來，就可以一幕一幕慢慢分析比對。在不同的放影速度下，更能看出四條腿協調互動的情形。我立刻發現一個有趣的現象，即馬在躍奔時，兩隻前蹄並沒有同時、同步的躍動，後兩腿的躍起也不一致。本來以爲應該看到的是前兩腿和後兩腿齊步向前躍進的動作，但從慢速放映的畫面中，卻看見了其中細微的不同步現象。我忽然了解，表面上兩組看起來極爲不同的協調動作，其實只是由一組共同的神經迴路在運作。

假如我把馬的四條腿的啓動時間，界定爲前兩腿的 T1、T2及後兩腿的 T3、T4，則馬在慢走時，依序是 T1→T2→T3→T4，非常平順；當速度加快，前兩腿之間的時間差漸漸變小，後兩腿之間的時間差也變小；而前兩腿做爲一組的啓動與後兩腿做爲一組的啓動之間的時間差雖然也變小，但變小的速度比較慢，這是因爲馬的前後腿之間的身體有一定的長度，造成神經傳遞的時間差距。也就是說，（T1-T2）和（T3-T4）都趨近於零的時候，（T1, T2）-（T3, T4）卻仍然大於零，結果就變成前後腿各成一組的跳躍動作。所以，由於馬身體的結構規範，無意中造成同一個神經的運作方式，卻會演變出兩種不同的運動型態，這種由時間的量變造成跑步型態的質變，實在令人不得不嘖嘖稱奇。

這些想法並非毫無根據，我們可以用一個簡單的實驗加以驗證。例如，我們兩手握拳，只伸出食指，在距離二十公分左右處，讓兩根食指一上一下交替運動，然後，把一上一下的交替速度加快、再加快、更加快些。很快的，我們的擺動速度就到了極限，此時，我們仍然在繼續進行的交替動作，但從外形看來，就變成爲同步的上、下動作了，因爲速度的變化，使得我們兩根手指的不同步運動，變成同步的型態。所以說，在機械式的結構限制下，量變是會造成質變的！

生活情境中，實在是充滿科學的知識，有心求知的人，隨時、隨地，絕對都會有永不歇止的挑戰！你了解我爲什麼那麼喜歡騎馬和看馬了嗎？（《科學人》雜誌，二〇〇四年三月）

7 天工開物，蜂蟻爲師

自然界的力量，原本各自爲政，偶然結合在一起，經過時間的淘洗浸潤，造就了奇形異態的風貌。

每次坐飛機，有時飛過海洋，總愛看那藍中有點點綠島的浩瀚景色；有時越過高山，則常俯視那磅礡雄偉的崇山峻嶺，更流連那深谷溪澗的流水柔情。如果有機會登上玉山，則有駕雲擁山、旭口不勝寒的炫目感動。我也曾泛舟在美國的大峽谷底，仰望兩岸歷經千萬年的流水所鑿刻出的萬丈紅土高崖，總爲那稜角分明、宛如利刃切開的「孤峰絕岸，壁立萬仞」所震撼。如果你也和我一樣，開車經過猶他州的荒原乾地，眼兩旁掠過一座座千年風化後留存下來的紀念碑群，則你我定然感染那鬼斧神工的氣勢。這個地球實在很美！它的面貌變化萬千，多采多姿，令人賞心悅目，是哪個才華橫溢的建築師給畫下的藍圖？

我們的昆蟲世界也一樣令人驚艷，那林中的蜘蛛網遠望有如八卦的圖示，早晨的露珠嵌在網上，點綴出對稱的美貌，到底是出自誰的靈感？蝴蝶身上的各種圖案常常是設計師師法的對象，但誰是原創者？六邊造型、洞洞一致的蜂房，像是由同一個模型所鑄造，層層密密堆疊而成結構穩固的蜂巢，是誰教會牠們的？又是哪一位高明的建築師的傑作呢？

我們似乎都認爲，美的事物一定是經過人爲的設計，複雜的結構體更非經過設計不可，如果那結構整齊劃一，而且到處可以被複製，則除了歸因於造物主之外，誰還有那能耐？所以我們到處去找尋造物主，而且「祂」也必須要無所不在，更要無堅不摧，且無往不利。因爲美不勝收的事物，實在是到處都可以看到、聽到、聞到、摸到，還有感覺到。

但自然界複雜的結構之美，一定非要出自哪一位建築師的設計之手嗎？其實並不盡然如此。生物學界流傳的螞蟻築巢的故事，也許可以給我們一些啓示。

那個故事是這樣的！

假如在一塊指定的平地上，有一千隻工蟻要完成一個築巢的工程。牠們的能力不強，力氣不大，只能到外面去口啣一塊小泥土，走進指定的地上，把泥土卸下，然後再到外頭去含一口泥土，再回來吐在地上，周而復始。假設這一千隻工蟻各自口含一塊泥土，「隨機」走進這塊平地（隨機的意思是並沒有任何指令要牠吐在哪裡），隨便走到哪裡就吐到哪裡，這是第一次啣土、吐土的情形，但第二次以後，情況就大爲不同了。

工蟻沒有接到任何指令的情況並沒有改變，只是第一次吐出來堆在一起的泥土性質變了。原因是工蟻口含的泥土已經帶有費洛蒙（pheromones）的分泌物，所以，堆在一起的泥土越多，費洛蒙的成分就越高，而費洛蒙能吸引工蟻，久而久之，泥巴越多的地方就吸引更多的工蟻來吐泥巴，且堆得越多就越壯大堅固；而在第一次之後，那些泥土不多的地點就沒有工蟻會來照顧了，丁點兒大的土堆，一陣風來就吹散了，形成「富者越富，貧者越貧」的現象。所以你現在已經看到「自然」形成的土堆了。

不久之後，另一個階段的現象又開始了。土堆如果堆斜了，也會垮掉。但如果旁邊剛好有一土堆也是歪的，兩個歪斜的土堆如果剛好搭成六十度上下的互補關係，則這個角度的組合是相當穩固的，強風暴雨也打不倒它們。所以工蟻一次又一次啣土走來，費洛蒙的吸引作用，加上土堆之間適當的角度又起了保護作用，幾千、幾萬次之後，積土成塔，合牆疊柱，樓房已成形，而且結構井然，到處可見六十度左右的屋頂，一層又一層，既對稱，又牢靠！如果你不知這築巢的過程，只看到最後的成品，你一定會追問：誰是那位聰明的建築師?!

答案當然是「查無此蟻」。其實是自然界各種力量相互碰撞在一起所迸出的火花罷了！地球上各式各樣結構奇特、形貌美麗的事物，就是這樣造出來的，沒有意圖，也沒有設計，更沒有所謂偉大的「造物主」！

自然界不同的物理力量，也許本來就各自爲政，但偶然的結合在一起，經過時間的淘洗浸潤，就造成了奇形異態的風貌。這地球上的一切，眞是很美，很美，很美！（《科學人》雜誌，二〇〇四年四月）

8 生命如百花多樣

離島孤靈，
卻是心智精華之所在！

記得《雨人》（*Rain Man*）那部電影嗎？達斯汀・霍夫曼（Dustin Hoffman）簡直演活了那位患有高功能自閉症的中年人。比起帥哥湯姆・克魯斯（Tom Cruise）的手足無措，「雨人」的羞怯以及害怕社會關懷的逃避眼神，真是讓人痛心。但劇中最令人印象深刻的是，這一位在制式的學校裡一定會因行爲舉止表現得笨拙而常被譏笑的「低能兒」，竟然會對一盒被打翻而散落一地的牙籤，一眼就「看」出一共有一九八根，而且經過查證後，準確無疑。雨人的驚人表現，並非特例，世界各地的研究者都有類似的報告，而且在歷史上也有很多文獻的記載，除了數字之外，有些自閉症的小孩，對顏色的區辨、對某些特殊問題的運算（如對任一數字的開二次方或三次方，如一三二七年的八月六日是星期幾）和記憶能力，都有「天才」似的

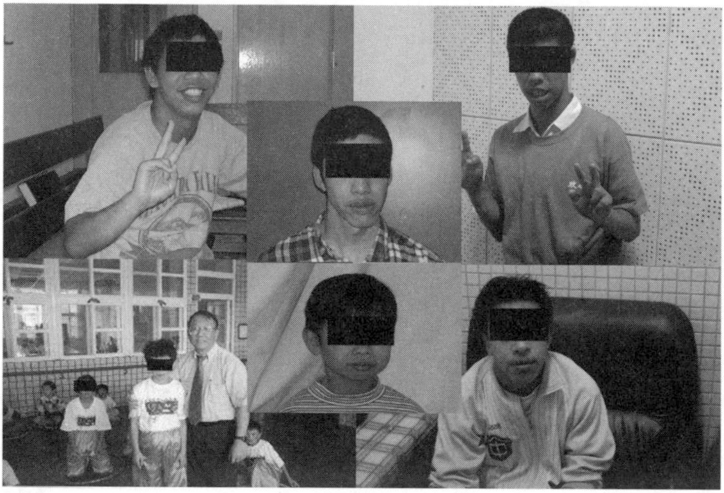

表現。如果以往把人類的智慧看成是整合性表現的說法是對的，則被視爲「白痴」的「天才」的一再出現，就必須有新的解說了。

三年前，我還在教育部服務，有一次到台灣東部一所國中考察，看到了特殊教育班的一位女學生，她的臉形與我十幾年前在美國加州沙克生物研究院所從事研究的一群大「小孩」（十二至十九歲的青少年卻只有六歲大的心智年齡）非常相似（見上圖）。我問她的老師一些相關問題，如畫圖、寫字、閱讀、說話以及生理現象等。我很快就知道，她是我在台灣發現的第一個威廉氏症候群（William syndrome）的小孩。我再問特教班的老師們有沒有聽過威廉氏症候群的心智障礙型態，在場的老師沒有一個聽說也沒有一個讀過。那麼很顯然的，這群充滿愛心與熱情的老師對這位「威氏兒童」，可能會「帶」好她，但卻不能「教」好她，因為他們對威氏兒童的認知型態並不理解！

其實對威氏兒童的科學研究也不過是近十幾年的事。那時候，我在加州大學心理系教書，有一部分的研究是在聖地牙哥的沙克生物研究院進行，當時我的老闆是貝露姬（Ursula Bellugi）博士，我們研究的重點是聾啞人的自然手語和腦神經的關聯，但在某一個機緣之下，我們發現了威氏兒童非常奇妙的認知特性。

一般說來，他們在傳統智力測驗上的成績，是被歸於心智障礙類，但是他們說話流利，應答也快，所以通常又不被安排在特教班中。以往，他們沒有引起太多注意，主要是他們出生後體型就很小、發育不良，而且從小就有心臟病的症狀，在醫療技術不臻完善的時代，他們很多人在進小學之前就不幸過世了。如今醫技進步，他們的死亡率大降，進入學校的人就越來越多，但他們學業跟不上，空間能力很差，移動時的平衡不好，方位的判定與記憶常出錯，日常生活必須有人時時照顧，也就變成家庭和學校的負擔了。

在一九八〇年代，我們開始注意到威氏兒童對聲音（包括語音與音樂）特別敏感的特質。有一次，實驗室來了七、八個威氏兒童，正準備接受美國哥倫比亞廣播公司（CBS）《六十分鐘》節目主持人華萊士（Mike Wallace）的採訪，他們吱吱喳喳說個不停，而且問東問西，

威氏兒童所畫的圖

唐氏症兒童所畫的圖

好奇得不得了。終於，華萊士忍不住說：「我們這次不是要來訪問一群智障的小孩嗎？他們來了沒有？」我們這些研究者笑著說：「他們都是你今天要訪問的對象啊！」華萊士看著這群不同種族、不同樣子，但臉形都像極了卡通片裡藍色小精靈的孩子，納悶的說：「不會是他們吧?!他們話講得多好呀！」

正式錄影時，我們現場讓這些小孩畫腳踏車，他們很興奮的一邊唸車子的各部件名稱，一邊就畫起來，結果呢？車樣都變形了，根本不像一輛腳踏車（見上圖）。我們也要這些小孩描繪一個由小字母Y組成的大D字母，結果他們只畫出局部的Y、Y、Y，卻看不到整體的大D。如果把這個結果和唐氏症小孩所畫的圖作比較，則形成一個在學理上非常有趣的對照：唐氏症小孩只會畫出大D，卻看不到局部的小Y（見下頁圖）。這兩群兒童都在智力測驗上被劃歸爲智障，但很明顯的，他們對空間的知覺與圖形的畫作，卻遵照著完全相反的機制在運作。對局部的專注和對整體的忽視，是威氏兒童的標誌，近年來更發現是和第七號染色體的缺失有關！

《六十分鐘》的採訪是現場直播，我們很擔心出狀況，因爲要這些小孩作彩排及預錄是不可能的。主持人華萊士的現場經驗豐富，所以一切進行得很順利，但在無預警的情況下，忽然間這些小孩都跑到窗邊一起看向窗外的天空，而且唸唸有詞，很調皮的重複著「e-le-kep-te,e-le-kep-te」。現場一下子失控，我們趕快到窗邊把他們拉回來，也抬頭看看窗外，什麼也沒有！不知道他們在看些什麼？好不容易都回到沙發椅上坐好，華萊士也預備再

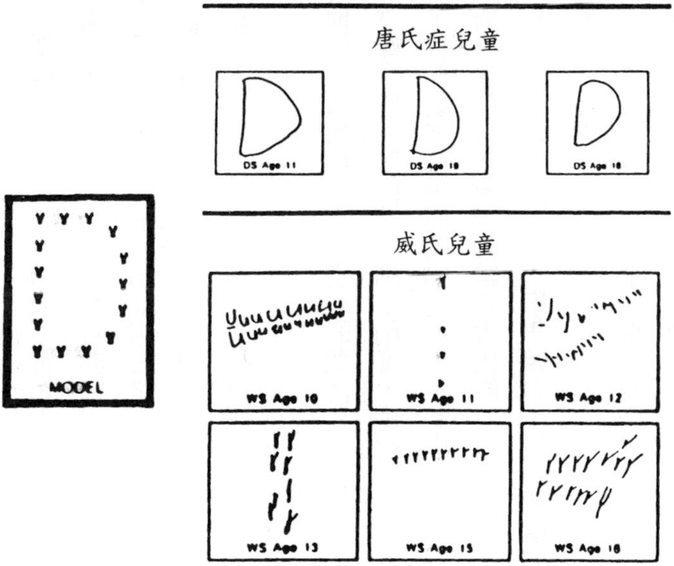

問一些問題，距離剛才中斷的時間已經十分鐘，其中一位小女孩忽然又冒出一句話：「See, I told you, Helicopter!」說時遲那時快，眞的有一架直升機就從窗外的天空飛過！

威氏兒童對聲音的敏感度，讓我想起了「雨人」對眞空吸塵器的聲音非常害怕，也讓我想起了自閉症的盲人音樂家東尼・狄波亞（Tony Deblois），四年前我邀他來台灣表演，他聽了幾次〈情人的眼淚〉的音樂，就在鋼琴旁自彈自唱 *Tears*。去年我打電話給他，他一聽到我的聲音，就認出我是誰，在電話裡向我大唱 *Tears*！這些特殊的能力，豈是傳統的智力測驗所能測出的?!

和威氏兒童在一起，令人愉悅快樂，因爲他們天性樂觀，喜歡別人的關注，而且天眞無邪，但這並不表示他們不會掰，只要是以語言爲媒介的，他們就充滿了創意，也很愛現。例如，有一次，他們去動物園玩了一趟，回來後，我們要他們說說動物的故事，其中一位搶著說話，她興奮的告訴大家一個又一個故事，從對大象非常形象的描繪到大象的心情。但忽然間，她話鋒一轉，冒出了巧克力公主的故事（見下頁框文）。細讀這一串想像力十足的故事所用的句型與詞彙的安排，有人會認爲她是心智障礙的兒童嗎？

但她確實是，而且連最基本的把長短不一的棍子由短到長排列都不會。我們也檢視她的視知覺，發現她對線條的方向無法做正確的判斷，但要她先看過一個臉形，再從六個非常相

巧克力公主的故事

大象是動物的一種，牠住在森林裡，牠也可以住在動物園裡，牠有長的、灰色的耳朵、扇形的耳朵、可以搧風的耳朵，牠有很長的鼻子可以捲起草或稻草，假如心情不好時，牠們是很可怕的，……假如大象生氣了，牠會踩、牠會衝，有的時候大象會像公牛一樣的衝刺，牠們有很大很長的象牙，牠們可以踩壞車子……會很危險的。你不會要大象作寵物，你要的是貓或狗或鳥兒。這是一個有關巧克力的故事。很久以前，在巧克力世界有個巧克力公主，她真是一個非常甜美的公主，她坐在她的巧克力寶座上，一個巧克力人來參見她，這個人對她敬禮，對她說：「巧克力公主，我想請妳來看我怎樣做我的工作，但是外面很熱，妳一出去就會像牛油一樣融化掉。但是假如太陽換一個顏色的話，那麼巧克力世界和妳都不會融化。所以只要太陽可以換個顏色，妳就有救。假如太陽不換個顏色的話，妳和妳的巧克力世界就註定要滅亡了。」

似且角度不一的臉形當中，挑選出其中一個不同人的臉，她的成績比正常兒童又毫無遜色！對認知科學家來說，這些分離的能力確是令人不解：如果連最簡單的排列作業都不會，那他們哪來的能力去使用那非常複雜的語法呢？

雨人、威氏兒童，還有我那位又盲又自閉的朋友東尼，他們在茫然的腦海中所展現出的特殊才能，就像聳立在海上的孤島，島上的風光明媚，無懼於四周的波濤；也像是沙漠中的綠洲，對照著周遭寸草不生的黃沙。生命是如此多樣，人類的智慧更是由這些多元而獨立的認知模組整合而來。由此看來，我們在台灣的研究群，就是要在這些離島孤靈中，去闡述人類智慧精華之所在！（《科學人》雜誌，二〇〇四年八月）

9 科學家也可以很浪漫

費曼的好友戴森說，費曼是天才加小丑，真是傳神的比喻！

其實，我要介紹的，不僅僅是一本書而已。我想介紹的是一個科學界的奇人費曼（Richard P. Feynmar）。透過閱讀費曼，你將會發現，科學的世界充滿了趣味；而作爲一個科學家，生活也可以很浪漫。有關費曼的中文書籍很多，《別鬧了，費曼先生》（*Surely You're Joking, Mr. Feynman*；編按：中譯本天下文化出版）是必讀的窗口！

在世俗的眼光裡，一個科學家能夠贏得諾貝爾獎已是無上的光榮，甚至可說是三生有幸。但是當一九六五年某一天，《時代週刊》（*Time*）的記者致電道賀費曼得了諾貝爾物理獎時，他對記者說：「有沒有什麼辦法可以讓我不去接受這個獎？」記者說：「先生，我想恐怕無論用什麼方法，都會比乖乖領獎惹來更多麻煩。」認清了現實，他也就只好忍受隨盛名而來的許多麻煩。但是，當有一次他要在加州大學柏克萊分校做物理演講，卻來了一大批不相干的人時，他還是會忍不住說：那該死的諾貝爾獎！費曼之視富貴名利如浮雲，由此可見一斑。

這本書，基本上是由四十個趣味橫生的小故事所組成的。在其中，你可以讀到小天才怎樣修收音機修到出神入化，讀到大學生怎樣偷同學房間的門作弄人。也看到他怎樣參加原子彈的研發，怎樣成爲解謎高手，不但以此氣壞漂亮的聰明女生，也因此練就開鎖絕技，把原子彈的機密偷到手，然後留字條讓主事者小心一點。

另外，你更會不斷的看到他搞怪之外，對任何事都採取存疑的態度，不迷信專家。年輕時代的他，見到科學界的權威人物，也會目中無人唱反調，因而許多科學大師都喜歡和他對話。

費曼的好友戴森說，費曼是天才加小丑，眞是傳神的比喻！看了這本書，你會知道費曼有過三次婚姻，他也愛在上空酒吧廝混做研究，而且書中對他的婚姻也有點語焉不詳。你難免懷疑，費曼是不是個花花公子感情不專？恰恰相反，如果你接下去看另一本《你管別人怎麼想》（*What Do You Care What Other People Think?*；編按：中譯本天下文化出版），就會讀到一個淒美絕倫、感人肺腑的戀愛故事。本書後半部另外還附贈一個因特立獨行而開花結果的故事

（挑戰者號太空梭爲何失事？喜愛太空的人不可不讀）。

費曼一生永遠在向未知的世界探索。他有一個重大心願，就是要到亞洲的中心唐努烏梁海旅遊。以他在科學界的地位，他只要到蘇聯講演，還有什麼地方不能「順便」去看看？但這不是喜歡向未知探索的費曼行事作風。他寧可採取平凡人的立場，以不凡的興致和毅力，點點滴滴的去蒐集資料，去學土瓦文字，去面對種種官僚和文化的隔閡。雖然，最後的結局是費曼抱憾以終，但在探索的過程中，有多少樂趣和希望交織著，因此《費曼的最後旅程》（*Tuva or Bust!: Richard Feynman's Last Journey*；編按：中譯本新新聞文化出版），喜歡探險旅遊的人不可錯過。當然，這本書也是費曼晚年對生命執著的精采寫照！

費曼這個人眞精采。如果你想進一步透過他親友的敘述，完整的了解費曼其人，《天才費曼》（*No Ordinary Genius: the Illustrated Richard Feynman*；編按：中譯本商周出版）也不錯。如果你想了解科學奇才眼中的科學精神是什麼？或者什麼是思想的自由？《這個不科學的年代！》（*The Meaning of It All: Thoughts of a Citizen Scientist*；編按：中譯本天下文化出版）這本書雖薄，卻值得我們閱後再三思索。想上大師的物理課？還有一本《物理之美》（*The Character of Physical Law*；編按：中譯本天下文化出版）。費曼以量子動力學聞名，商務也出了一本《量子的物理世界》（*QED: the Strange Theory of Light and Matter*）。對電腦的未來有興趣的朋友，《費曼處理器》

（*The Feynman Processor: Quantum Entanglement and the Computing Revolution*；編按：中譯本知書房出版）將量子理論應用於電腦，據說其威力將會等於現在使用的「古典電腦」，四十億個處理器（processor）同時運作，因而可能釋放出不可限量的精彩。

費曼熱在美國，久久不退。費曼熱在台灣，我想，方興未艾。

第6篇

科學之柢

1 科學人看科學人

科學人要以科學人的態度、方法看待科學人本身，答案很簡單：科學是不許模糊的，尤其是對自己。

科學人所獨具的心理能力是些什麼？他們在解構宇宙間的各種現象時的認知歷程爲何？從前這些問題只能從科學人自我的臆測或是科學人之間的相互討論時的一些隱含性假設中去尋找答案。以這樣的方式所找到的答案當然是不可靠的。那些論述充其量只不過是科學家主觀的認定何爲科學的重要條件的再述而已，並不能客觀的反應眞實的科學人的認知歷程。

近年來，科學家終能認淸這些虛無假設的事實，而願意以科學的態度與方法去研究科學人的認知歷程，使科學的發現本身變成爲科學研究的對象。也就是說，科學人以科學的方法研究科學人的科學論證方式（包括歸納、歸納推論、因果推論、比喻、專家系統及問題解決等）從而提昇理論的層次，超越了臆測與想當然耳的觀察，終能純粹以實驗的數據作推論，這使科學研究本身得以自己建立的嚴格方法，去反身自問科學人何以有些成就？

獨特的思維方式似乎是科學發現的主要原因，有三個層面尤其是值得我們注意的。

第一，科學思維就是解決問題的歷程，根據最近的研究，較有成就的科學人總是遊走在數個問題空間中，先抽離了解的問題空間，再去處理較模糊的問題空間，最後，必須發展出解釋異象的特殊策略，以求突破當前的困境。

第二，科學思維必須超越「假設—檢定」的框框。早期所謂「大膽假設，小心求證」以邁向科學發現的康莊之道，只是科學家一廂情願的科學迷思。近年來，從歷史資料以及科學人解題的線上（on-line）描述（verbal protocol），發現大部分的科學人充滿了傾向證實（而不是否證）的偏見；甚至他們提出的假設，也都帶有爲自己的理論辯護（而不是提出不利於自己理論的假設）的偏見。因此，科學以否證的方式向前行的哲學架構，也只不過是個美麗的謊言罷了。去除否證上的迷信，應該使科學家更能脫離「只求利己，而不顧利他」的假（pseudo）「假設—檢定」模式。科學人會因問題的特殊性而發展出特殊的解題策略，也就可以很明顯的被提升到最高的境界了。

第三，科學的思維主要還是在發現新的概念。更重要的是新概念的完成通常是經由人際擴散的方式在進行。也就是說科學思維代表的是分布的智慧（distributed intelligence）以及集體的審知（collective wisdom）。這個擴散的歷程，小至一個三、四位研究生的實驗室，大到整個特定科學領域的群體，都可以一再看到點、線、面至立體成形的概念形成過程，科學思維的這種社群擴散的特質，不容忽視！

最後，科學人為什麼要以科學人的態度、方法來看科學人本身？答案很簡單：科學是不許模糊的，尤其是對自己。（《科學人》雜誌，二〇〇二年一月）

2 可敬的下一代

由於電腦科技的爆發性進展，一個新的文化現象，已經在我們眼前成形。

在知識經濟論高唱入雲的現代社會，人人都必須對現代科技有所敬畏，因爲時代的核心是科技，而掌握科技的人，才擁有絕對的主控權與發言權。這樣的現象，不只發生在國與國、企業與企業之間，也出現在政經界的文化裡，就連現代家庭中的親子關係，也因之而起革命性的變化。

傳統家庭的父母決定大小事情，電器壞了，找爸媽；採買東西，聽爸媽的。如今，現代家庭中各項最先進的電腦相關設備，是誰在盡組裝、維護、修理的工作？媽媽嗎？通常不是。爸爸嗎？也不盡然。那麼是誰？答案是家中最年輕的一代。在電腦及網路上的知識，已經使他們不再只是傳統社會的小孩子，而是現代科技家庭中值得敬畏的人，因爲他們的網路資源可以爲家庭提供便利又豐富的「服務」：大排長龍求一張端午節返鄉的火車票？交給家中的小「電腦服務」中心上網訂購就可以了。想買支最新穎的手機嗎？款式、價碼，統統可以找家中的科技學童上網比較。你開車嗎？想到什麼地方而不知道該怎麼走？沒問題！請家中的萬能通替你上網查查，順便把路標圖幫你標示出來，由甲地到乙地，要經過哪條高速路，穿越哪條小巷子，有沒有單行道？一淸二楚！家中有個小小的電腦玩手，眞是萬事服務到家了！

擁有這樣能耐的小孩越來越多了，他們在家中的地位益形重要，尤其是越來越多的父母要靠他們的教導與指引，才能進入無所不在的網路世界。前幾天，一位朋友的太太到醫院看病拿藥回來，她的女兒教她如何上醫藥網路去查明各種藥品的性質與服用方式。事後她對女兒說：「妳眞厲害，國中都還沒有畢業，就會做醫生了！」媽媽一臉的尊重與崇拜，使女兒受寵若驚，自信心大增，從此母女倆一齊上網決定家中大事。

我看到美國最近的一份調查報告指出，四十五歲以上的父母有二三%的家庭是依賴子女安裝與維修電腦，而三七%的家庭是由子女教導父母使用網際網路。報導中也指出，家庭的和諧度因爲子女提供科技技術指導而明顯增加。科技影響家庭文化的變遷，應該是非常令人稱幸的好事。

此外，我們也看到很多學校正在研究讓學生提供技術支援的可能性，並規劃由學生來帶動全校資訊自動化的具體方案，例如讓學生創立校園網站、設計內容，並協助校內的教職員工使用校內外網路（intranet and internet），最有趣的是老師的備課及各種投影圖片的設計、多媒體動畫的製作（包括使用PowerPoint），也都有學生主動的參與。新興一代對於新的電腦科技的理解、掌握與創造，讓老師在讚歎之餘，也不得不拜他們爲師。然而，他們的電腦知識，以及快速熟悉因應科技進展而生的新玩意兒，並不是在學校的教育裡得來，而是在同儕之間學到的，同儕之間的壓力讓他們不斷地增強自己的「功力」，就這點來說，他們已經養成終身學習的能力了。如果我們能善用現代學生的電腦科技能力，讓他們從被動的接受知識，轉爲協助備課的指導角色，整個教學歷程將會掀起劃時代的變化，顛覆多年來我教你聽的傳統模式。

另一方面，在認知能力上，現代小孩也確實擁有與我們這一代很不一樣的特質。他們傾向圖畫、操弄空間以及對三D環境的知覺，和我們以文字思考作爲知識表徵的模式大不相同。紐西蘭心理學家佛林（James Flynn）從三十年來智力測驗的研究中發現，現代的小孩在空間能力的智慧上，遠比上一代強得多。以瑞文氏圖形智慧測驗（Progressive Matrices Test，範例見圖一）爲例，近年來學生所使用的測驗題，比以往難多了；就連答案的選擇也由四選一

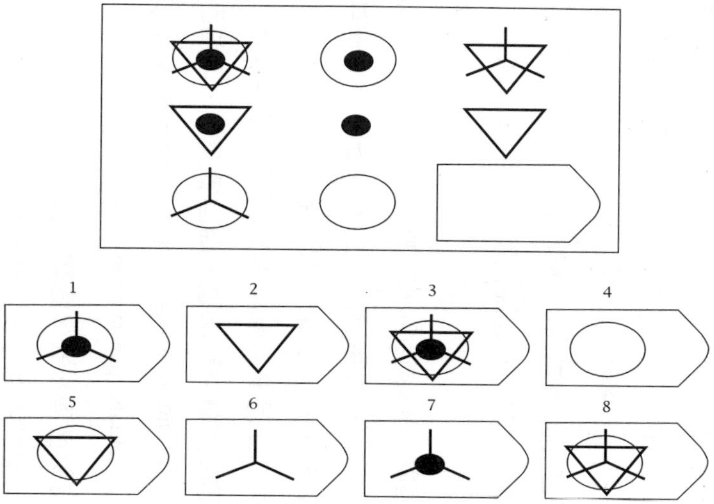

圖一　瑞文氏圖形智慧測驗範例（答案是6）

變成八選一（選擇變多，相對也越難）。

佛林比較三十年來學生的成績，發現學生的平均分數逐年上升。究竟學生空間能力的提昇是眞還是假？美國國家科學院（National Academy of Sciences）爲此特別委託康乃爾大學（Cornell University）認知心理學院士耐瑟（Ulric Neisser）成立一個委員會，深入研究此一現象，所得到的結論證實「佛林效應」（Flynn effect）是事實而非假象。

問題是，如何解釋「智慧」可以被提昇的現象？是因爲現代小孩的營養比較好？還是現代的父母教育程度提高，帶來更適宜的教養方式？或是孩子們在千考萬試之下，已學會掌握更有效的考試技巧？研究的結果發現以上皆是。然而，再仔細針對每一項因素做大型的統計演算，結果顯示這每一項因素都和空間智慧測驗的成績，有統計上顯著的相關，但它們實質的貢獻並沒有太多。眞正原因還是在於空間圖像的思維方式，已經變成這三十年來小孩成長的文化。再者，電腦科技環境的發展也正好符合他們以空間思考的習性，觸動了他們的學習，使他們在空間能力上有所增長。

圖像文化已深入小孩的心智，使他們在看問題及找解答時，都傾向尋找空間對應關係的策略。記得有一次，我帶著幾位國中生到台北榮民總醫院的地下室，參觀我們腦磁波顯影的實驗室。我們在地下鑽來轉去有如走迷宮，出了地面，走到門口，我回頭問這些孩子：「知不知道那部機器在我們腳下的哪個方位？」他們左看右看，然後指向門外的噴水池說：「在那底下！」我知道他們「猜」對了，因爲只有那個地方才沒有車子經過，不會造成震盪而影響腦磁波的準確性。我知道，因爲我是靠「知識」得到解答；而他們沒有這項知識，答案只能來自他們準確的空間認知。這正好說明，我們是用兩種途徑（語文知識vs.空間能力）找到了共同的答案。現代的小孩確實不一樣了，眞不可等閒視之！尊重他們的空間圖像能力，善用他們的電腦與網路知識，家庭與學校都將會有所不同。

其實，我要說的是，作爲一個科學人，我們必須關心當前社會文化的發展；我想提醒大

家的是，由於電腦科技的爆發性進展，一個新的文化現象，已經在我們眼前成形。（《科學人》雜誌，二〇〇二年七月）

3

人是萬物之不靈

諾曼對日常生活的機件設計提出非常精闢的見解，舉的例子總是令人發出會心的一笑，讓我們知道：人眞是萬物之「不」靈！

心理學是一門研究人類行爲的科學，因爲它的對象是人，所以任何領域的研究所產生的結果，都馬上會和人類的福祉扯上關係。例如研究視覺的基本歷程，對近視、遠視、斜視等的了解當然會有增進，對它們的矯正也就會有實質的幫助；有如研究人類語言的結構，對於語音知覺與產生歷程，若研究分析得越淸楚，對失語症者的復健工作就當然會更有助益；此外，記憶的基礎研究，對老人或腦傷病人的失憶補救也會有所啓示。其他諸如智慧與人工智慧的基本知識，已經在我們的生活圈子裡引起巨大的影響。還有人格的組成與社會化歷程的研究，對病態行爲的診斷與治療，更是息息相關。這些例子，就是在告訴我們一個事實：心理學研究的基礎面與應用面，本來就是一體的兩面。

史金納（B. F. Skinner）這位最講求客觀、量化與刺激—反應函數關係的行爲主義大師，不但要建立一部自動化教學機器，並且要以行爲科技（behavioral technology）的控制理論去建立一個今生今世的烏托邦公社。他的女兒小的時候不必請baby sitter（保姆），因爲家裡有設計完美的史金納箱（Skinner Box），既安全又保溫，而且有預先調好奶汁品味的餵食機，依據部分增強理論而寫的程式，來訓練她美好的行爲表現。所以以實驗爲主軸的心理學者，只要有心，立刻可以把他的研究成果轉換成應用的準則。

其實，二次世界大戰，心理學家的貢獻不小。注意力的研究、肌能學習的研究、語言辨識的研究、自動化語言翻譯機的研究、人工智慧中的敵情解碼研究等等軍事應用的研究，建立了現代的認知心理學。直到現在，NATO（北大西洋公約）仍然是注意與操作（attention and performance）研究的最重要支助者。空軍與太空總署也擁有強大的研究群，他們不但做非常基礎的理論建構，也時時刻刻的關心著理論與實際應用的結果。

認知心理學一向被認爲非常的「實驗」，也關心「黑箱子」裡的作業程序。但唐納・諾曼（Donald Norman）的《設計心理學》（*Psychology of Everyday Things*；編按：中譯本遠流出版）一書，讓讀者都知道認知心理學的發現眞的可以爲人們去除很多生活上的不便與謬誤。這本書舉了許多日常生活的例子，一再說明惟有學理的基礎，才能很細膩的看到「人」「器」及

「人」「機」介面之間的種種問題。

史金納及諾曼這兩位心理學界的大師，都是實驗心理學基礎研究的佼佼者，但他們對學以致用的態度，卻是那樣自然，其影響力自不在話下。近年來，閱讀歷程的模式由雙軌理論到平行分配的聯結說，其驗證的方式都和腦傷病或閱障兒童的認知運作有關。理論與應用的相輔相成在此一覽無疑。所以心理學的研究者實在不必錙銖必較的去區分基礎與應用研究。最重要的還是研究品質是否優良，在解讀變項與依變項之間的關係時，是否忽略了其他變項的混淆。

以上述的概念來推動「人」與「環境」之間互動的研究，應該是心理研究者責無旁貸的任務。惟有把人放在實務的運作中觀察其行爲的特性，才可能建立眞正屬於活生生的人的動態行爲學說。

這方面的研究其實觸角非常多元，但在台灣卻不多見。早期的廣告心理學、消費者心理學都是心理學應用的代表作品，但有關機械設計的探討，在坊間則如鳳毛麟角，最近心理學界已開始注意到這個問題，是個可喜的現象。有人從視知覺實驗有關顯示器輸出亮度必須校正的實際操作，去說明工程界所習稱的迦瑪校正之理論與實務；有人探討色彩視覺的三色論原理，並對其在量測與顯示系統方面的應用有所說明；更有人從知覺與注意力研究的應用面去探討飛航安全的各項事務，例如系統設計、飛行員甄選及訓練，都和當前的人們生活息息相關。

諾曼的這本書對日常生活的機件設計提出非常精闢的見解，舉的例子總是令人發出會心的一笑。整本書集結了最佳的幽默小品，一則又一則，讓我們知道：人眞是萬物之「不」靈！（《設計心理學》推薦，二〇〇〇年六月）

4 現代文明症候群：溝通障礙

要幫助有溝通障礙小孩，越早越有效，而且需有「專家」介入，對兒童及父母同時輔導才能達到事半功倍之效！

人類文明的進展，由穴居、狩獵、畜牧、農耕而逐漸形成穩定純樸的農業社會。十七世紀的工業革命，以機械代替手工，也帶動了生產力的增進。各式各樣的貨物集中在人口衆多的城市裡，簡單且只適用於短矩離的那種以物易物的交易行爲，很快的就被講求效益的產品促銷企劃所取代。而交易所必須的媒介物貨幣，更從有形變成無形。從銀行存款簿、匯票、支票到信用卡，人們不再直接接觸到貨幣，金錢的概念就變得抽象而不易掌握。另一方面，內燃機的發明使得交通工具由緩慢的家庭式馬車，轉換成快速的大衆運輸型態的火車，而機動靈活的小汽車一出現，使得運輸網廣佈到遙遠的村莊聚落；輪船飛機的出現更使得海上、天空都成爲人們來去自如的領域。

因此，對廿世紀末的人來說，時間忽然加快了，空間也忽然變小了。人與人的交往越來越頻繁，社會就越來越多事。人生活在多采多姿的社會型態下，卻常常會在質與量的過速變遷中，感到力不從心。多樣多元的事物，固然帶來了熱鬧無比的現實世界，但也帶來了曖昧不清的人際關係。現代人怕的不是不夠熱鬧，而是溝通失敗所產生的疏離感。

這種隨著文明的過速發展而產生的「失落感」，近年來因爲「電訊」技術的突飛猛進所帶動的另一次產業革命，再次瀰漫在文明世界的社會裡。從電報、電話、電影、電視到電腦、電話傳眞，以及經由各類網絡連接的電子傳訊（E-mail）的一一出現，人們時時刻刻經歷著「時空轉移」的立即感——他鄉就在眼前，明天就是現在。更令人受不了的是越來越多的報章、雜誌、書刊，正日以繼夜的製造或改裝無數的新舊知識。在這樣一個「資訊爆炸」的時代裡，人們固然可以在斗室之中，一杯咖啡在手盡情享受「秀才不出門，能知天下事」的樂趣，但五花八門的訊息，加上越積越多也越複雜的新舊知識，卻一再引起人們的恐慌。包羅萬象的事物令人像置身在萬花筒中，美則美矣，卻眞假難分；而人們曲折難解的心思，使彼此的溝通越來越難——群居鬧境，卻經常是咫尺天涯的局面。更令人煩心的是分工精細的專業知識，呈幾何級數的增加，讓世人眞正體會到「逆水行舟，不進則退」的危機感。面對這日益膨脹的新知，人們不但害怕自己跟不上現況，更關心的是他們的子女，如何在廿一世紀的浩瀚學海中不被淹沒！

父母望子女成龍鳳的心情自古皆然，但是在目前這麼一個高科技且知識掛帥的社會裡，父母的關心卻有一層新的意義。他們充分了解要子女在現代社會中出人頭地，就得及早為他們準備，因此書局裡各式各樣的兒童百科全書一套一套的出現，孩子們也從小就必須十八般武藝樣樣俱會：鋼琴、提琴、舞蹈、網球等的啓蒙年紀越來越小。父母更是全神貫注在幼兒語言能力的培養上，因為大家都非常清楚，能言善道才能在這個複雜的人世間通行無阻，所以若能及早幫孩子把聽、說、讀、寫四項基本能力訓練好，他們日後進學校上課就能應付自如，對吸收課外知識也能駕輕就熟了。

在這種提前灌輸、全面培養的風氣下，我們看到越來越多的「小大人」，他們的詞彙數量驚人，而且見聞廣博，能說善辯，令人無可奈何！有一次朋友的小孩來我的辦公室「玩」電腦，他才六歲，可是又是鋼琴，又是提琴，又是英語班，又是電腦，每天的生活非常緊湊。我問他為什麼要這麼辛苦，他的回答竟是「人在江湖，身不由己」！

觀察這批可畏的後生，我們當然欣見其成長，期望他們在「先天足，後天盛」的情況下，發揮人類的潛力，為廿一世紀開創更美好的世界。但不幸的是在看到一批批天才兒童的同時，我們也不得不為醫院裡小兒精神科的病號增多而感到憂心。是不是父母太急著要孩子成器成材，而患了揠苗助長的毛病呢？也許對某些小孩來說，過分的環境刺激，不但不能促進他們的智力發展，反而引起認知的混亂而導致心智潰傷，促使他們「閉關自鎖」，退縮到自己的世界中。這些類似自閉症的小孩，也許只是暫時性的，假以時日，他們會自動出關，跟上其他小孩的發展，但誰敢對憂心忡忡的父母做這樣的保證呢？

從宇宙的誕生到現在，演化的歷史劇已經上演了數十億年。此期間有循序漸進的演化事故，也有激烈且茫無頭序的突變事故。到人類出現，由於「智慧」的演進，使文明（包括物質的多樣性以及社會、文化之間的互動）的複雜性，變成人類自己身、心都不勝負荷的危機。身體器官的無能尚可解決，如裝假牙、戴眼鏡、裝義肢、洗腎、割肺、換心、裂腦開刀等等措施已經越來越普遍了；但心智發展的不能搭配，卻使近代教育與心理學者有「力不從心」的感歎。

目前我們雖然束手無策，但總不能眼睜睜地看著小兒精神科的病號成幾何級數的增加吧！關心這個危機的研究者必須正視這個文明膨脹過速的內涵。一方面我們要加強兒童身心發展的研究，以剖析問題的所在；一方面我們要把研究的發現整理出來，以簡明易解的文字來提醒家有小兒小女的家長，不能一成不變的對孩子又灌又塞，一心一意要他們出類拔萃。尤其不能讓自己的孩子永遠生活在隨時要和別人家小孩一爭長短的氣氛裡！否則醫院中多一個問題兒童，對這個社會、對自己的家庭都沒有好處！

從一九八一年起，我們實驗室開始做有關腦神經組合與語文發展的研究。為了蒐集兒童語言發展的資料，我們在美國南加州一帶展開廣泛的調查，希望對兒童、父母、家庭、社區等因素交互作用的關係，有整體性的了解。從這個調查中，我們看到一些有趣的現象。例如現代學前兒童的詞彙量比三十年前相同年齡的兒童，的確增加許多，而且他們從各類媒體上（主要是電視）吸收來的知識超出家庭、學校的影響。此外，在對語言的知覺型態上，個別差異很大。有的注重音段（segment）的分析，有的卻重視整個片語的外貌（global pattern），這種對語音認知的個別差異，和兒童認知型態中的省思型（reflective）與衝動型（impulsive）似乎有些關係。假如這些個別差異現象反映了小孩子吸收外界資訊所使用的機轉（如汽車的排檔，要配合路況、車速及載重量的考慮），則過多、過急或是變化無常的訊息，可能對某些小孩會造成適應上的困難，此時父母的正確態度及尋找專家的幫助就變得非常的重要了。

因為這個大型研究的主題是腦神經和認知系統的關係，我們也對兒童醫院中的語言障礙和學習障礙兒童做了深入的檢查及實驗的測試。我們發現這些溝通障礙的成因非常複雜，有生理的因素、有心理的因素（如情緒的失調及認知失調），也有社會的因素在內（尤其是父母的態度、家庭成員的融洽等），但我們最重要的發現是：對這些小孩的幫助，越早越有效，而且需有「專家」介入，對兒童及父母同時輔導才能達到事半功倍之效！

最近我回到台灣，經常有朋友來詢問有關他們小孩或他們朋友小孩語言發展「不正常」的問題。我總是反問他們怎麼判斷小孩子的「不正常」，而所謂的答案也總是「鄰居的小孩一歲半就口齒伶俐，而我的小孩兩歲多了還只會講單字！」我發現在現代社會裡，小孩子若不是天才兒童，對父母的壓力是很大的！另一方面，我也在醫院中看到越來越多來求助的父母，他們感到小孩在語文學習的過程上，正遭遇到意想不到的風暴，但台灣學有專精的語言治療師人數有限，而且在各大醫院中，他們總是被列爲「附屬」的單位，有些醫院連點綴都認爲不值得。學校的老師課業繁重，也實在無法分身特別照顧這些語文進展有問題的小孩。最後父母只有在求助無門的挫折下，四處亂投醫，把已經有問題的小孩弄得更加緊張。可是除了自力救濟以外，又能怎樣呢？我想，至少我們應該有一本有關語言溝通障礙的書來幫助父母、老師們解除一些疑惑。

現任教於加州聖地牙哥州立大學（San Diego State University）的劉麗容博士，撥冗把她這十幾年來診斷和治療語言溝通障礙兒童的經驗，做一個有系統的整理，寫成《如何克服溝通障礙》（編按：遠流出版）一書。書出版了，希望受益的是萬千的父母與兒童。（《如何克服溝通障礙》推薦，一九九一年四月）

5 對知識的真正理解

在《超越教化的心靈》這本書裡，作者一再強調教育的目的只有一個：培養學生對知識的眞正理解。

第一次見到《超越教化的心靈》（*The Unschooled Mind*；編按：中譯本遠流出版）這本書的作者豪爾・迦納（Howard Gardner）是在加拿大的蒙特婁市，他和我在同一會議中討論腦神經病變和認知行爲的關係。會議中，來自各國的神經科學家及語言學者都不約而同的在討論他那時剛剛出版的著作：《破碎的心靈》（*The Shattered Mind*）。這本書討論左、右腦傷病人的一些行爲異象。他的描繪生動感人，而且對病變所帶來的科學知識說明得非常平實，一點也不煽情。其中最令人印象深刻的是，他指出腦傷病人在心智破碎之後的行爲異象，是特定能力的缺陷而非認知能力的全面性損傷，他們選擇性的「保留」某些特定能力，這些沒有被破壞的認知島嶼（spared islands of cognition），絕不是零散隨機的，而且隱隱約約的點出人類智慧的多元性質。

第二次見到迦納，是在聖地牙哥的沙克生物研究院。他應邀到我們的認知神經實驗室做專題講演。講的是他那時剛剛出版的另一本書《七種ＩＱ》（*Frames of Mind*；編按：中譯本時報文化出版）的內容。他把人類的智慧分成認識世界的七種認知架構。由傳統的語文式智慧到藝術創作的「洞視」能力，完全基於不同群體的特異行為導出七個性質不同的智力。這個對智慧的重新詮釋，為教育歷程中的個別差異賦予新的意義，他因而獲得了麥克阿瑟基金會（MacArthur Foundation）的「天才」獎。我那時正在沙克實驗室研究一群會說聰明話的智障兒童（是屬於所謂威廉氏症候群的患者），對他的講演印象深刻，因為我的這群兒童的一般性認知能力是接近白痴的程度，但是他們說起話來流利得很，完全沒有智障的跡象，這些相當嚴重智障的兒童卻仍然保留如此可觀的語言能力，對智力多元架構理論提供了相當直接的證據。

第三次見到迦納是在香港大學。他行色匆匆地趕往大陸廣州主持一項藝術創造力的課程規劃，我邀他一起去看一場電影《從毛澤東到莫札特》（*From Mao to Mozart*），電影中，那位現代小提琴的泰斗史坦（Issac Stern）很感慨的說了一句話：「中國那麼多的音樂天才兒童，為什麼過了中學的階段就不見踪影了呢？」但這種小時了了、大未必佳的現象絕不是只有中國使然。美國教育也發現同樣的危機，而且越來越多的研究報告者指出，再不好好地從根本的教學歷程去改革美國的中小學教育，則美國會成為一個充滿危機的國家（a nation at risk）。誠然，對於文明進展迅速的國家而言，目前的正規教育非但沒有為眾多的莘莘學子培養能消化可理解資訊的能力，反而使他們養成了為應付多種教材的檢定考試而強記標準答案的學習習慣。後者的形成絕對是一項警訊，也是一個諷刺：為應付多元的世界，卻不得不依賴較無彈性的單一標準答案的檢驗方式，這得失之間可能是教育改革者必須深思的核心。

《超越教化的心靈》這本書的思維，就是根據上述這些想法逐漸凝聚而成的。它的基本精神是延續杜威（John Dewey）的進步學派的哲學理念，並且在實質上融入近年來認知發展心理學的一些成果。尤其是皮亞傑之後的一些相當突出的研究，對幼兒的心智能力有脫胎換骨的新看法。迦納指出一些相當令人不解的案例，如有些自然科的學生對物理運動的定律可以在課堂考滿分，但一離開教科書就把從書本裡學到的原理原則拋在一邊，回復到「學前」那種天真的物理觀念。例如他們會認為一個小圓珠在通過彎曲的圈管循環幾次被拋出時，它還會保留其旋轉的運動軌跡。也就是說，學校拚命灌輸科學的新知，而學生也「記」下教科書裡邏輯井然的定理公式，但顯然地，全套公式得到標準答案的學生並不保證一定沒有「不求甚解」的毛病！

在這本書裡，作者一再強調教育的目的只有一個，即培養學生對知識的真正理解。針對這唯一的目的，他仔細剖解學校作爲一個傳道、授業、解惑的場所之必要性，因爲人類累積了將近五千年的文化，必須透過濃縮的方式傳遞給下一代，且近幾百年來暴漲的科技知識也必須急速傳到學生腦海中。但是太急、太多、太有條理的知識灌輸，對大部分的學生而言是不太適度的。學前兒童的認知體系絕非一片空白，他們已經有很多定型的物理觀、生物觀及對人對事的看法，這些看法和學校的知識符號體系往往是衝突的。因此，他們很自然就把學校學到的那套知識體系留在學校，只要一出校門，原先的認知體系又活躍起來了。所以很多在學校功課很好的學生，在校外活動時行事卻幼稚得令人稱奇。迦納認爲這不是偶然的案例，而是相當普遍的「教育成果」！

因此，談教育改革不能只談表面上的行政事宜，最重要的是要正視在何種行政措施下，才可能使教學歷程中的知識傳遞達到眞正的理解。對如何安排國小、國中及高中教學情境，以促成眞正理解的實現，迦納做了相當實際的論述，也列舉了美國幾個正在進行的教學方案。他山之石，可以攻錯，而如何把追求理解的教學理念落實在本土文化的考量上，應該是每一個關心教育人士的當務之急。

這十幾年來，認知心理學的研究，對人類心智活動的了解有了十足的進步。但是由其中的發現而能對教育歷程的本質提出相當合乎「人性」的評述，並導出教學改革方向，迦納這

本書應該是非常重要的。願所有對教育事業有心的人都能仔細的閱讀這本書。（《超越教化的心靈》序，一九九五年二月）

6 一本使心理學變得讓人尊敬的書

葛萊特曼的這本《心理學》，讓人看到現象與現象之間的歷史淵源，實在是一本對心理學科學有興趣的人必讀的書。

一九九五年初，法國政府公開宣稱，他們的一位地方官員在西南方的海岸岩洞裡發現了三百多幅壁畫，畫的都是動物的形象圖，有象、犀牛、豹、梟、土狼等。根據科學家的檢驗，這些岩洞裡的壁畫已經存在兩萬多年了，這是法國考古界的一大盛事。

但是引起世界震驚的不是這些色彩鮮艷、造型複雜的動物圖保留得這麼良好，而是這批畫作的方式和以前所發現的史前畫大不相同。最重要的特點是兩萬年前這些作畫的人，相當能利用岩壁的凹凸不平處來表達動物的特殊體型與動作。例如，他們把犀牛寬廣的肩膀畫在凸出的岩石上，以凸顯出犀牛奔撞的兇猛之力；又如他們利用岩壁上層層疊疊的紋路，來表示動物群衆多而又雜亂的流竄動力。這些看起來微不足道的特點卻是意義非凡，因爲這些畫已經不是純粹的動物「素描」。我們由其「精心」的設計中看到「意圖」與「先見之明」的現代人心理歷程。是什麼能力的增進使人類變得聰明，而其思維的形式也越來越抽象了？

這樣的問題是針對人類的演化和歷史。但如果我們仔細看小孩成長的過程也會遇到同樣問題，由受保護的嬰兒到四處探索的孩童，是哪些心智能力的成長使得孩童的畫圖能力由「塗鴉」變成「繪畫」呢？人類認知發展的動力爲何？發展的心理機制爲何？還有，環境與文化的變異性如何與遺傳的基因互動而產生智慧？最後，在社會化的過程中，個人對他人與周遭情境的感受，是否隨時空的變遷而有不同的詮釋？

這些問題必須解答，我們對「人性」才會有多一點的了解。然而這些問題不是只觀察一個孩子的成長就會有解。我們要研究個人在群體中如何展示他們的潛力，如何形成對社會認知的系統，如何在複雜的人際關係裡調適自我的喜怒哀樂，以及如何在與日俱增的資訊中建立多彈性的全方位知識網路。人不僅僅是個移動的五官與肢體而已，在皮肉之間有個中樞系統，兼顧理智與情感的操控。這個中樞的形成以及其個別的特質，到目前爲止，我們對於其理論的了解，都相當有限。但我們已經可以確定的是這是多面向的問題，研究者必須從各種不同的學科領域的探討中求取綜合性的理解。這樣的想法根植在文藝復興的精神裡，而達爾文的《人類原始》（*The Decent of Man*, 1781）一書更展示了它的風貌。

心理學是研究人性的科學。它不但要從切近的因果關係（proximal causation）上描繪某一生命體本身的功能及其內在的機制，更要能從終極的因果關係（ultimate causation）上，去釐清「爲什麼那個生命體會演變成現在這個樣子？」坊間一般的心理學教科書大多是在說明行爲的切近因，而忽略了行爲形成的終極因，所以心理學教本讀起來瑣瑣碎碎，不能給讀者一套整體的思維體系。這樣的缺失，心理學的專家都有所感，而且也爲文批評這種只見樹不見林的危機。尤其在一九六〇、七〇年代，資訊傳遞加工理論，在每一個行爲現象上都建立了一個又一個的小小模式。研究者只顧鑽研這些小行爲模式的角落，卻忘記了行爲是依附在個人發展的歷史以及社會文化的不同背景而產生的。

葛萊特曼（Henry Gleitman）的心理學教科書《心理學》（*Psychology*；編按：中譯本遠流出版）就在這個大家都拚命地畫資訊加工圖的時代出現，一下子就風行全美國的心理學界，尤其是在一些文藝與科學並重的大學，葛萊特曼的書變成通識課的教科書。一九八一年我在加州大學教一班五百人上課的普通心理學，大部分的學生來自理工科，小部分來自人文社會科。他們雖然來自不同的學科背景，卻非常有共識——這是一本使心理學變得讓人尊敬的書。我當然有同感！

第一次翻這本書，就被它的編排所吸引。它把學習這一章放在知覺之前，然後就由後天教養（nurture）及天生自然（nature）的對立面切入，一針見血的說明學習的功能是生物演化的一種機制，而知覺是靠這個機制去把經常變化之切近的刺激物（proximal stimuli），統合而成恆定的終極之刺激物（distal stimuli）。這樣的說明指出環境與遺傳的互動關係，而且也讓人感到以往的學者強調nurture和nature的對立是多麼的無聊。像這樣精闢的見解，書裡到處可見。最可貴的是，艱難的概念在葛萊特曼的輕言細語中，變得那麼自然易懂，大師的功力到底不凡，也難怪他的實驗室在這廿幾年來造就了不少英才。

談動機的那一章，更是令人百讀不厭。葛萊特曼對行爲學（ethology）三位諾貝爾得主（Lorenz, Tinbergen, & von Frisch）的詮釋令人激賞。比較心理學因爲跟隨達爾文而興起，卻又因拋棄演化的精義而消失在學術的舞台。這三位大師從對動物的自然觀察中，把動物社會行爲的描述又帶回達爾文的架構中。威爾森（Edward O. Wilson）的社會生物學（sociobiology）由這些前人的經營中開出花朵，讓比較心理學再次擁抱達爾文而重生。葛萊特曼善於談歷史，他更能洞視萬象而找出學說的走向。心理學研究者往往易被單一的特殊現象所吸引，葛萊特曼的書讓人看到現象與現象之間的歷史淵源，實在是一本對心理學科學有興趣的人必讀的書。

這本書內容豐富，是本很有「分量」的教科書。出版之後，在學界也有非常好的回應。只是在台灣「普通心理學」的教學時數，因教學環境而有變化。有上、下學期各三個學分，也有一學期只有兩個學分；有重點是心理學專業的相關科學，也有只是通識課程中的一門課而已；此外，有的老師可能比較著重認知心理學的部分，有的則偏向社會心理及人格的部分。對於這些不同的安排，我們的建議是可以選擇性的重新安排各章各節的教學重點。如果是一學期兩學分的課，可略去第二、五、十一、十七至二十等章；若是兩學期上下各兩個學分，可以把十一章及十九章放回去；如果是上、下學期各三學分，則當然要全部的章節都包括進去。略去的部分，可以鼓勵學生做爲「課外讀物」。這樣的安排應該是「雖不滿意，但可接受」的措施了！（《心理學》主編的話，一九九五年五月）

7 開發多元智慧的潛力

最重要的觀念在於老師要變成一位班級經營者，幫助學生尋找合宜的學習方式，開發多元智慧的潛力。

最近三十年來，由於資訊科技的進步，人類的知識迅速膨脹，許多學科得以整合在一起，形成了目前學界極爲熱門的認知與神經科學，共同爲解開人類的心靈之謎而努力。這個新興科學的興起，就是想用實證的研究方法去找出人類共有的心理特質。它想知道人類記憶、語言、注意力的功能是什麼？它們彼此之間如何互動？這些功能的必要性爲何？以及它背後的神經結構爲何？這種認知科學的研究大約在三十年前就開始了，而目前已累積相當多的知識。

這些新的知識，讓我們現在可以回答千年以來一些哲學家所提出有關人的本質的問題。例如人的心智是什麼？語言和思維之間的關係是什麼？何謂智慧？是決定於單一的心智能力，還是以多種特別性向所組合成的多元架構呢？越來越多的證據已經指向後者，而且，美國及歐洲很多學校已經開始用這多元智慧的架構思考教學的問題。

台灣的教育界在聯考陰影的籠罩之下，要提出多元智慧的教學方案，是有一定的困難。面對升學率的壓力，校長、教師都很無奈。但教改的風氣已經慢慢發生作用，教育部已有意願一一砍斷聯考的桎梏。多重管道的升學方式也漸漸開展，所以技術上的困境已漸漸化解。但千年以來「士人爲上」的觀念，是一道深入人心的緊箍咒，許多站在第一線教學的老師，心靈深處一直把書本以外的技術，當作玩物喪志的雕蟲小技，這種心態是很普遍的。

在一次和國中、國小教師座談會上，我做了一個簡易的「師意」調查，目的是要發現，目前最直接掌控教育大業的這些老師，對人才的看法如何。這個「師調」問了幾個問題，都和當前教育的政策以及理念有關。其中有一個主題是要老師舉實例說明什麼叫做「行行出狀元」。結果老師的答案雖然名字不一，但總的說來有跡可循，無論是由諾貝爾獎得主李遠哲、李政道、楊振寧到武俠小說的泰斗金庸，或是由宏碁的施振榮到整個「博士內閣」的諸公，都是學院派出身，都和「十年寒窗」有密切關係。

顯然的，大多數的教師認爲所謂「人才」、所謂「成就」，和現代科技知識的掌握與應用是息息相關的。如果是有關人文社會方面的成就，則出書立言（即使只寫過一本博士論文）是

「學而優則仕」的必要條件，這種「萬般皆下品，惟有讀書高」的心態，對開發多元智慧的教學是很不利的。

同樣的調查也曾在扶輪社的社員大會中做過。結果就大不相同：在那裡出現「被公認有成就」的名人錄有球隊的MVP（Most Valuable Player），有網球界的張德培，有圍棋聖手林海峰，有宗教界的領袖人物（包括證嚴、星雲等），有畫家、建築師，以及交趾陶的大師林洸沂，也有民間藝人白冰冰、豬哥亮等，更有你可能沒有想到的公關人物陳文茜。這林林總總的人物，才是眞眞實實的浮世繪，才眞正代表社會多元的各種面貌，但是這些超出書本之外的成就，包含各種非智力能力的擴展，在目前的教育體制下是很難有機會被發掘，更不要說是刻意的培養了。

社會的組成是多元的，五花八門的各類活動，使社會的生命力又活潑、又多采。可是我們的學校只培養其中極爲少數的「讀書人」，對其他非智力能力只能假裝看不見。學生中總有一些奇人、巧匠，但他們的奇巧總是在朗朗的讀書聲中淹沒了！

其實這也怪不了教師。他們絕對知道要五育並進，要開展「適性」教育。但是當五十位個性不同的小孩擠在一個班上，老師必須採用統一課本，根據統一進度教學，並且要使用統一標準答案的考題，說什麼「適性」教育，談什麼以學生爲中心的教學，都是專家學者打高空的話。一如往常，專家學者只能提供普遍性的理念，並沒有同時告訴老師在實際教學中具體可行的措施。太多的經驗告訴我們，往往一陣叫叫嚷嚷之後，適性教育又成口號，一切又回歸傳統式教材、教法。

所以這些日子，我常常跑基層，在國中、國小的基礎教育研習班上，說明適性教育的兩個基柱：一爲多元智慧的理論基礎，一爲課堂上如何落實多元智慧教學的具體教學方法。對於前者，我介紹的是由杜威的進步教育發展到迦納的《七種ＩＱ》的歷史背景，更從現代認知與神經科學的觀點去理解學生學習型態的潛力與限制；對於後者有關實際教學的部分，我就從學生的認知型態著手，考慮教材與教具的配合，和老師討論如何把「部定」（或審訂）的統一課文，加以改編，使人物、故事、社會情境都要依附在學生實際生活的社區文化當中。

也就是說，爲了落實適性教學，老師必須有主編教材、調整教具，以及規劃課外活動的專業知識。他們必須在知識內容之外，更強調問題解決的技能。他們要在所要教給學生的知識的結構與學生的先前知識結構之間，搭起教學的鷹架，使學生得以發生自動學習的功效。教師的專業知識，包括了解學生的學習型態，並能把這份了解，應用到監控學生在鷹架上昇降的動態。若有阻塞不進的情形發生，則要理出智力與非智力的因素，予以拉拔，讓學生能以各自的學習型態，往上前進。

這些具體的教學方式，反映出現代化多媒體教學的面貌。但最重要的觀念在於老師要變成一位班級經營者，他必須針對學生的學習型態設計教案，並幫助學生尋找合宜的學習方式，開發多元智慧的潛力。

幾年前我在一位加州大學教育學院的教授桌上，看到阿姆斯壯（Thomas Armstrong）的《經營多元智慧》（*Multiple Intelligences in the Classroom*；編按：中譯本遠流出版）一書，發現這本書提供了相當有系統的具體方案讓老師參考，就深切期盼能把書引介到台灣來。現在這本應用多元智慧理念到實際教學的著作，終於得以呈現在國人面前，相信家長、學生、老師及教育行政人員，都可從中獲益！（《經營多元智慧》序，一九九七年八月）

8 非理即亂

講理的必要條件就是豐富的常識，並且要養成不輕信表面現象的習慣。

在嘈雜紛亂的社會現實裡，想要講理談何容易？但是講理卻是釐清紛亂的唯一利器。這是個很容易明白的道理。因爲面對紛亂，只有兩個選擇，一是任其胡打蠻纏下去，直到無可收拾的地步；另一個當然就是釐清頭緒，講出一番道理來。這種非理即亂的二選一題，實在是簡單易懂，但社會上的衆多有「智」之士，就是不肯講理，或是沒有能力講理。

喜歡從生物演化觀點看人類行爲的學者（如本書作者洪蘭教授）一定會同意我下面的說法：衝動的即時反應是逃命用的，而沉穩的全方位思考才是永續保命之道；前者是所有動物共有的本性，而後者才是人類「異於禽獸幾希」的那一點特性。因此，當我們看到這紛紛亂亂的世界，常不能以理性的思考解決問題時，我也只好說「本性難移」了。

眞的！人實在是多不理性的。例如，有人喜歡到花街柳巷作樂，你告訴他得到性病的機率是八分之一，他一定說：「不會是我啦！」但是，同一個人喜歡花錢買彩券，你告訴他得到獎金的機遇率是千萬分之一，他卻是一副一券在手、希望無窮的樣子，說：「可能就是我啦！」

近年來，認知心理學家發現人們大多在匆促下作出決定，經常忽略常模的指標，還會把個人的信念寄託在不實的表象上，很少能遵循邏輯的算則作判斷。賭場上常見的那些不信邪的賭客就是最顯明的例子。在輪盤上已經押「紅色」而連輸十次的賭客，拚了命也要在第十一次再押「紅」。問他爲什麼不肯改押「黑色」？他的答案竟是：「黑的已經出現十次了，這次非紅不可！」學過機率論的人都很清楚，除非輪盤是被作了手腳，否則每一次出現「紅」或「黑」的機率是相等的，不應該因爲黑的已經出現十次了，下一次「必然」是紅。我再問那位賭客：「難道你認爲輪盤上有記憶？」這位賭客一臉茫然，以爲我是瘋了！

這些不講理的特例，都是顯而易見的。但日常生活當中，人們的不理性行爲，卻總是隱藏在看似「理性」的包裝與掩蓋之下，很難被察覺。洪教授的這本《講理就好》（編按：遠流出版）告訴我們，講理的必要條件就是豐富的常識，並且要養成不輕信表面現象的習慣。我一則一則的讀下去，感到這都是培養科學精神的最佳教材，令人耳目一新。

社會上紛紛亂亂，讓大家頭昏眼花，但如果你想過得快樂安全一些，那不妨就努力使自己更 sensible 一點。說實在的，處理周遭事物，唯一的眞理是 Be sensible，講理就好！（《講理就好》推薦，二〇〇一年十二月）

96 CQ=IQ+EQ+KQ或IQ×EQ×KQ或（IQ+EQ）KQ

以上皆非？以上皆是？

對生活在二十世紀末的人來說，這百年來的物質文明實在是變化太大了。由油燈、煤氣燈、電燈、霓虹燈到現代花樣百出的雷射燈；由馬車、火車、電車、汽車到空中巴士；由留聲機、錄音機、照相機到全套立體音響的多媒體影視設備；由不久以前萊特兄弟（Wight brothers）的簡陋飛機，到現在由台北直飛紐約的大型噴射客機；由獨木舟到太空梭；由滿天煙火到飛月的火箭……這一切，豈只是「一小步」而已！再者，DNA的化學基礎之展現，雙螺旋排列的分子構造之歷歷如繪，人類似乎已經聽到生命的呼喚，而「桃莉」羊的複製，幾乎已逼近神的境界。

目擊著這一切進展的現代人，最會感到的壓力應該是「別人的創造力」，而最擔心的就是我們的下一代如何在高科技的競爭上不被淘汰。我們可以提升自己或下一代的創造力嗎？作爲一個研究認知心理學的科學家，經常會碰到這些問題，而很無奈的，我總是找不到適切的答案。因爲我們很難爲創造力下定義，遑論去爲這個概念定出一套測量的指標。幾十年來，心理學家研究的不是在界定創造力，因爲那似乎是徒勞無功的做法，他們的研究集中在發現什麼情境會阻撓創造力的產生。

首先，沒有基本的認知能力，當然不可能有創造力。也就是，如果智商（ＩＱ）是一項認知能力的指標，那麼低ＩＱ的人之不能有創造力是可想而知的。問題是ＩＱ的定義是心理年齡和實際年齡的對比。後者是顯而易知的（只要知道出生年月日就可以算出來），但前者的測量就不很容易。心理學家要設計各式各樣的測驗題，再由其中「選取」適當的題目來施測。選題技術和施測的方式都會影響受測者的成績，這中間的「政治」意味，引起太多的爭論，而且太講求「快」而「準」，太重視單一標準答案，使得「反思」性的受測者大爲吃虧。而那些能「舉一隅而三隅反」的學生也會受到負面的影響。近年來的研究更是直指傳統ＩＱ測驗忽略了「後設認知」（meta-cognition）的重要因素，所以太強調ＩＱ實在是個誤導。

再說，那些曾經在ＩＱ測驗上得到一五〇分以上而被認爲是天才的人，如今安在？史丹佛大學（Stanford University）的特曼（Fred Terman）教授曾經做過重要的追蹤研究，這些天才若留在學術界，則他們都有一定的名氣，但大有爲者並不多。那些出了學術界外的「天才」卻大都有「懷才不遇」的感傷，高不成、低不就，抑鬱而終的人比例很高。在女性方面，則因社會的不良適應引起的自殺個案層出不窮！

這意味著有高的ＩＱ，但沒有高的ＥＱ（情緒商數）還是不能有出頭天的。但ＥＱ又是什麼呢？從高曼的《ＥＱ》一書在台灣起了一陣風暴之後，坊間討論ＥＱ的書籍如雨後春筍般的冒出來。但談來談去，不外是個人的修練、自我的省思等等，本來就是常識的勸世之歌。倒是日本的醫生「腦內啡」假說（這裡的「假」是眞假的假！）引起了國人的「腦內革命」（腦內的生命拿掉了，不白痴也難）。其實，如果眞的要心靈安定，只要「打開心內的門窗」就可以了，倒不必一定要引進東洋水，後者的江湖味實在太濃了。

假如ＣＱ（創造力商數）等於ＩＱ加ＥＱ而已，則「行行出狀元」（或每學門都出諾貝爾獎的大師）應該不難。那爲什麼普天之下，沒有「天天有大師出」呢？我想問題就出在各學門、各行業都有一定的知識結構，沒有這些基礎當然「甭談了」！所以知識是重要的。知識可以分爲一般知識及專業知識。沒有前者，就是「不懂事」；沒有後者，就是「不會做事」。也就是What和How的知識體系，姑且稱之爲ＫＱ（Knowledge Quotient）。沒有這個知識體系，創造力無從表現，ＩＱ再高，ＥＱ再好，還是空！

那麼，讓我們姑且界定 CQ=f(IQ, EQ, KQ)，則創造力可以訓練嗎？常識應可以告訴我們這個答案：當然可以。但假如有人對你說：「多聽我的錄音帶，你就會增加你的CQ。」你一定會拒絕相信吧！因為那是 Common Non Sense！（《中國時報》「時報科學」版，一九九七年六月）

〈附錄一〉

我的學思歷程

編按：本文以國立台灣大學通識教育論壇「我的學思歷程」一九九九年十二月的演講為本，經過增修後，原載於《邁向傑出——我的學思歷程第二集》（台灣大學二〇〇三年出版），二〇〇四年八月第二次修訂。（口述：曾志朗／整理：許碧純）

＊

我將今天演講的內容分成幾個部分，從求學的階段談起，到碩士、博士階段，我所研究的課題，包括研究生涯一開始我在想些什麼問題，過程中遇到哪些衝擊、受到哪些人的啓發。然後我會談回台灣後的一些感想，以及我們正在建立的一門科學——認知神經科學——目前的進展與成績。最後我想談的是從基因到認知，在整個基因的序列解開後，作為一個心理學家，我們應該扮演什麼樣的角色，我們又能夠扮演什麼樣的角色？

我是旗山長大的小孩。很多人都說，我總是帶著有些驕傲又很多懷念的語氣描述旗山，舊市場裡的米粉炒、枝仔冰城的冰品誠然好吃，在我的形容之下，彷彿又增添一種鄉愁而顯得特別。從小，我就喜歡在旗尾溪裡游泳，在田裡烤土窯，在相思林間聽鳥鳴，爬月光山看獮猴。我後來某一段時期的研究走向動物行爲的觀察，爲此甚至特地跑到非洲，觀察狒狒的行爲，希望從這些研究當中看見人類演化的歷史，這多少是與童年時期的經驗有關。

旗山孩子上大學！

那時候，我的功課很好，也很好動，而且又瘦又黑，打球很在行，游泳也不賴，經常帶頭吆喝幾個同學一起到溪裡游泳。有一次，教官從靶場經過溪邊，看到堆放在一旁的校服，知道是一群翹課的學生，二話不說就把我們的衣服沒收拿走了。我們光著身體躲在溪裡，等到傍晚天黑後，才一個個跳出來，到處尋找香蕉葉包住光溜溜的身體，再沿途偷人家不要的麵粉袋，打幾個洞套在身上。我還沒有走到家，遠遠就看到，我媽媽拿著一根棍子等在大馬路上，原來，教官早已通知家長了。我媽媽氣急敗壞，我爸爸反而慢條斯理跟我說：「你有夠憨慢，要游就不要被抓到！」當時，我覺得我爸爸眞不錯！最後，我們還是寫了悔過書交給老師，結束了一場裸游、香蕉葉和棍子的大戰。

鄉下孩子的玩意就是這些，在鄉間抓青蛙、自己削陀螺，我們喜歡在田地中烤土窯，先放好蕃薯，在土窯上埋些蕃薯葉，然後去游泳，游完後回來蕃薯也熟了。有一回，我們無意間發現一隻迷路的雞，立刻就把雞抓來烤熟，大家分著吃。結果，農家的雞主人聞香而來，一路追著我們打，一個同學跑得慢被逮個正著，「喝，你們這些死囝仔，走平地我是跑不過你們，不過跑田埂路，轉來轉去，你們就走不贏我！」他一邊喘著大氣罵，一邊拿孔子公的話教訓我們這些滿嘴油膩的小鬼。現在想想，鄉下老伯伯真可愛！

一般說來，鄉下長大的小孩如果選擇繼續升學，國小畢業後父母就會安排他們到師資條件較好的城市讀書，留下來的孩子有的開始就業，有些則懵懂升上初中，我雖然從小成績就不錯，但也很調皮愛玩，畢業後沒有想太多，就留在家鄉念旗山中學。那年，旗山中學正好出現一件非常「特權」的事情，旗尾糖廠廠長的夫人吳寶廉老師（後來調往北一女）就在學校任教，他們的女兒也在同一年升上初中，於是吳老師把她的女兒和糖廠一些成績不錯的員工的小孩，連同考進初中排名最前面的學生，共五十名集中成一班。旗山中學是一所男女合校的完全中學，我們那班不僅是唯一的男女合班，吳老師還從各地聘來最好的老師教課。

我們的英文老師來自台北，他的發音很標準，教學又活潑，還常常跟我們說些台北美軍的故事，我們都覺得很有趣，特別愛上他的課，我的英文底子就是在這個時候打下的基礎。

我們這些鄉下孩子原本沒有什麼野心，總覺得讀完初中也很不錯，遇到這麼特殊的安排，就變得好像非有讀大學不可的雄志。忽然間，班上的同學統統出外去考高中，大概有三分之二的同學考上外面的高中。我記得放榜前一天晚上，我跑去看電影，黑暗中突然問自己：「明天放榜後，我的命運大概就會不一樣了？」果然，我後來的人生走向和留在鄉村裡長大的小孩的命運就不太相同了。第二天放榜後，我成爲高雄中學的學生，很多同學到了台南一中、屏東中學、嘉義中學。每天，我從鄉間坐糖廠小火車到九曲塘，再轉火車到高雄中學。當時不覺累，只深深感覺，每天這樣奔波來回，就像是一條人生必走的道路，一條老師爲你定下的路。

有時候，某一個偶然的事件，可能就是改變歷史、創造歷史的關鍵。吳寶廉老師的「特權」安排，改變了我們的命運，我們這一班則改變了旗山的歷史。很多人因爲這樣一個機會從初中、高中，一路考上大學。這個香蕉小鎭從沒有過同一年裡出現這麼多上榜的學生，轟動一時。但從此，旗山孩子上大學，變成一件極其自然的事了。

上了高中後，同學都很用功，我開始意識到升大學彷彿是人生一件很重要的事情，也知道成績跟不上回家會挨罵！但還是很貪玩，就在這種矛盾的心情下，一邊玩一邊跟著大家唸書。那時，我是學校樂隊的小喇叭手，也是高雄縣的區運羽毛球選手，所以一天到晚在岡山的空軍球場練球。雄中附近有許多彈子行（撞球），我也迷上了打彈子，和四、五個男同學幾乎天天向彈子房報到，爲了打彈子，被校長抓過好幾次，還是執「迷」不悔！因爲太熱中於打彈子，平日就愛自編自唱、竄改歌詞的我，當然要送「彈子」一首歌，於是就編了這樣一首「彈子房之歌」：

我的家在彈子房，球兒圓、桿兒長，
計分小姐眞漂亮，溫柔又美麗，可愛又大方，
櫻桃小嘴俏模樣，兩個眼睛水汪汪，
老闆娘，妳想想～
俺天天來是爲哪樁？還不是爲這大姑娘！
飯也不想吃，課也不想上。
老闆娘妳千萬要幫忙，讓她嫁我做新娘！

那時眞青春浪漫！放學後搭火車回家的路上，我常常就這麼一路哼回旗山。幾個一起打彈子的同學都說我眞愛作怪！

這些教室外的生活經驗，無論在當時或現在回想起來，我都覺得是一個很有趣又難得的歷練。我是家裡的長子，上面有三個夭折的哥哥，台灣的民間習俗是，如果我要能被養大，最好是讓我像「放牛吃草」般長大。所以，從小家裡就很少管我，我也樂得到處亂跑；高中

時，離家更遠，但卻是我多方涉獵、人格養成的重要階段。

不過也因爲玩得太兇，爸媽常常擔心我會考不上大學，我都安撫他們，沒有問題。我印象很深刻的是，放榜後，一回到家，看到我媽媽在哭，我問她爲什麼哭？「沒有考上，你要怎麼辦？」她很傷心的說。我聽了很奇怪，我明明上榜了啊。原來她只知道有台大，聽完台大的榜單沒有我的名字，就以爲我落榜了。當我告訴她，我考上政大，她對政大一點概念也沒有，連政大在哪裡都不知道。

車房裡燈下閱讀，醉夢溪旁場上揮棒

高中畢業前的我對未來並沒有規劃，就是很愛打球，很喜歡看書寫文章，把考試讀書當作是一件順其自然的事情。高二時，我原本讀甲組，成績也不錯；後來因爲受到校長影響，自己也喜歡文學，高三便轉到乙組。你問我考上第幾個志願，我眞的不知道，因爲志願卡是同學幫忙塡的。放榜後，我進了政大教育系，不過當時教育系的課程與我的性格、興趣極不符合，尤其老師上課的方式和內容也和我的想像很不一樣，所以我常常翹課。政大實施點名制度，當然榜上少不了我的名字。但我還是不想上課，白天打球，晚上回到宿舍洗完澡後，才拿起講義讀到天色漸白。當時，我是學校棒球隊的隊員，也是院的足球代表隊，最喜歡的是每天在球場上一陣廝殺後，汗流浹背的沿著政大旁的醉夢溪走到後山的柑園採兩顆柑桔嘗嘗。如今想來，眞是非常寫意。

那時，我有一個很要好的同學林建，家住台北，卻跑來登記宿舍，和我是分住上下鋪的室友。他父親林紀東是淸朝禁鴉片大臣林則徐的後代子孫，又是大法官，家裡有很多藏書。我雖然不愛上課，但很喜歡看書，所以常往林建家跑。林建的房間是大屋旁一間車房所改裝成的，有獨自進出的大門，他外務多，喜歡和朋友在外面蹓躂，經常一溜煙跑掉，丟下我一個人在房裡看書。一開始，林伯伯看到夜裡房燈大亮，還以爲兒子在家呢！林伯伯喜歡安靜，很怕小孩吵，我們也很少交談，但是他知道我愛看書，所以搬來了很多書；後來，每一次他看完一本新書，也不說什麼，就放在桌上留給我，這成了我們之間的一種默契。

從大一到研究所，我在他們家的小房子裡，看了很多世界名著、中國古典文學，還有尼采、卡謬等思想家、文學家的作品，以及科學方面的書籍。六〇年代對台灣知識界與文化界產生巨大影響的《文星》雜誌與叢刊，強調爲史家供史料、給文學開生路的《傳記文學》，還有《拾穗》雜誌，志文、水牛等出版社出版的書籍，我也是在這裡接觸到的。林家的書房，幾乎就是我最好的圖書館，我的啓蒙也是在這個時期、這個小房子裡。我一直覺得很幸運的是，我一個鄉下來的學生，根本買不起那些書和雜誌，但人生的機緣，讓我在小學和大學時，分別遇到兩位家裡有很多書籍的好朋友，所以在很小的時候，我就養成閱讀的習慣；大學時期，則讓我對學問眞正產生興趣。

銅山街的房子後來全部拆掉，蓋起大樓，包括林家。現在每一次走過那條巷子，我總是會想起以前在小房子裡看書的情景，那是一段非常快樂的時光。我經常想，當時就讀教育系的我，畢業後大概就是找份學校教書的工作。但是從林伯伯的藏書裡，我看到另一個世界，已經不再那麼容易滿足了，我渴望追求那個豐富開闊的世界。

一本講義改變一生

但我對教育系的課程仍然不感樂趣，就在醉夢溪醉生夢死之際，遇到系上主任胡秉正老師。胡老師是安徽合肥人，不難想像他的口音我一定聽不懂。留學英國的胡老師教的是心理學，那時我對心理學的認識，僅止於佛洛伊德（Sigmund Freud）、榮格（Carl Jung）和阿德勒（Alfred Adler）等人，但胡老師的一本講義改變了我的一生。這本講義是胡老師翻譯自美國心理學家伍德沃斯（Robert S. Woodworth）所寫的《普通心理學》（*Psychology: A Study of Mental Life*），並未在坊間出版。當時，心理學界的主流論述是佛洛伊德的心理分析、社會心理學、變態心理學等理論。在這樣的氣氛下，伍德沃斯用了大半篇幅談結構、談心理物理研究的方法、學習的重要性，只花極少部分談佛洛伊德。我覺得很奇怪，心理學不就是在研究變態的心理比較好玩嗎？爲什麼伍德沃斯盡講常態，而不談變態？他在書上談的，都是如何建立心智的科學，心理學如何從結構主義、躺椅上的哲學家（armchair philosopher）所形成的哲學迷思，進展到透過測量對光、顏色、聲音、溫暖的感覺，來建立人類學習的機制，探討心智的構成能否量化。他也談動物行爲，卻是用一個又一個實驗來證明，而不像其他心理學的書，盡寫些臆說或自己的想法。我覺得伍德沃斯那本書寫得非常好，文筆也很美，從此喜歡上心理學。

胡老師見我有興趣，就把他手邊另外幾本原文書借給我看，我因爲初中時英文底子打得不錯，所以閱讀起來沒有太大問題。伍德沃斯在書裡常提到一位同班同學Boring，可是Boring寫的書一點都不boring！看完他的書後，讓人對心理學的起源始末很清楚，對於心理學未來的發展也非常看好。我越讀越有興趣，看完幾本書後，覺得這就是我想要學習的！雖然當時的心理界還是以佛洛伊德、羅夏克（Hermann Rorschach）爲主，很少談論及此，但大學四年裡，我大都在思考如何建立心靈結構的科學？如何用科學方法祛除那些臆說？如果說大學四年我有任何可能的成績，那麼大概就是我認爲心靈是可以被測量的。抱著這樣的信念，我當兵去了。

心靈的成長與蛻變

我一入伍就下基地，從單兵演習到接受班、排、連的體能訓練和加強戰技。那時我在清泉崗陸軍步兵團第三十三師基地，第一次行軍時，一身的配備，外背著卡賓槍，八十公里走下來，一邊走一邊吐。但是那一趟的磨練眞的是讓人徹底的脫胎換骨，告訴自己說以後不能再吐了，再重的磨練都可以承受了！接著，我繼續從連、營、團到師的訓練，然後參加嚴厲的營測驗。這趟訓練從台灣中部青泉崗到中壢，因爲多次演習都夜宿在山林野地裡，對那山、那路也都相知甚深，非常感念台灣的山林之美，這是當兵的另一個收穫。

但當兵最深刻的經驗還是和軍中老兵的相處。這些老兵很多是從小被拉進軍中，然後隨著國軍退駐到台灣，而我那一連的兵大部分來自雲林，台灣意識很強，兩邊經常發生衝突，當時我們這些大學生旁觀這一切，眞的不了解何以政治意識的歧異，讓彼此產生這麼大的仇恨。我是陸軍排長，退伍之前的幾個月，負責看守香山兩條海路線，也是當地軍警最高的首長，和這些老兵有很多的互動，過程中，我看到他們對於統獨衝突的憤怒，也看到他們的無奈，還有他們一生的怨與恨，這是非常重要且特殊的經驗。

我的一位士官長，手上刻著「反共抗俄」四個字，爲了把它們去掉，他拿酸去擦拭，晚上熄燈後，常常可以聽到他因爲酸蝕痛得無法入睡，微微傳來的哀叫聲。這種心理的壓抑，不僅讓人心酸，也讓我聯想到很多心理學的論說。我還有一個學問很好的排副，他是響應當年「十萬青年十萬軍」從軍成爲步兵排排長，後來因爲耳朵受損而被打下來當排副，記得我快退伍時，有天黃昏躺在香山的一個碉堡旁，他坐在一旁歎了一口氣說：「老啦！不中用了！排長，你是有期徒刑，」然後，他拉長了聲音，唱起了京戲的調：「俺無期徒刑也！」忽然之間，我完全醒了過來，心裡一驚，「他們的家在哪裡？」如今回想起來，他們帶給我的都是一種心靈的成長與蛻變。所以，在軍中一年，我不但把身體鍛鍊得比以前好，也覺得自己成熟許多，了解人與人之間的許多恩怨不過是表相虛假的，眞正重要的是如何體會別人的感受。

預官退伍後，我決定繼續唸書，以我對心理學的興趣，應該是往這條路走，尤其我在伍德沃斯的書上看到他寫了那麼多老鼠、鴿子等動物實驗，很想親手做做看。可是當時政大沒有心理所，台大心理所的考試又限制非相關科系不收，所以我只有考政大教育研究所。教育研究所也有教育心理學這門課，現在我們當然知道，這其實是門很重要的課，它研究的是如何使教學有好的成效，讓教、學到環境都發揮最大的效能，不過當時老師教的仍然是一些條列式的原理原則，也沒有驗證的方法，所以我就不太想唸下去，直到政大回來了一位旅美教授呂俊甫。

政大的棄嬰，台大的養子

呂俊甫老師來自美國南伊大，對一些先進的實驗心理學的知識有所涉獵，他知道我對實驗心理學很有興趣，於是推薦我到台大心理系找劉英茂老師。雖然劉老師收我進他的實驗室，但因爲考試規章的限制，台大還是無法同意我的學籍。對我來說，是不是正式的學生沒有關係，沒有身分也無所謂，只要可以做實驗就好。就這樣，我這個政大的棄嬰，成了台大的養子。

我追尋心理系的腳步是從做動物的實驗開始，在台大舊理學館，我做了很多老鼠的實驗，在這裡第一次接觸到鴿子，也是第一次接觸到如何做兔子腳的反射實驗。劉老師給我們打下很好的基礎，但我始終覺得那些實驗及其所建立的理論，只重視表面的行爲，忽略了產生這些表面行爲的內在機制的複雜性。這些實驗所談到的一些原理，也都被應用在當時教育心理學上，到底人和動物的差別是什麼？這麼複雜的行爲怎麼可能被這樣簡單的理論直接應用呢？我可不可能用資訊理論來談學習呢？我決定在碩士論文中，針對這些問題提出質疑。我認爲人類行爲是一套複雜符號的運轉（human behavior is a function of symbolic complexity），尤其在教室中我們所看到的學習，並非行爲主義所談的刺激與反應的簡而易明的關係，這當中有許多行爲的預期、心智的階段都沒有談到。我想爲學習下個定義，我將它定義爲是一種縮小不確定狀態的過程（reduction of uncertainty），意思是說，當我們在作一件不會的事物，通常是很沒有組織與規則的，但是等到我們學會以後再去做時，因爲已有先前的經驗和模式，我們的選擇和不確定性就會越來越少。也就是說，學會一樣東西要付出一個代價，那就是你的彈性會變得比較小，這是因爲少了不確定性（uncertainty），相對的也就比較沒有彈性。在海灘上挖一條沙溝，然後把水倒進去，水越衝越深，而且往同一個方向走，就是這個道理。

我以此當做碩士論文，作了幾個實驗，用許多不同的符號代表一個人原本會的符號，以及從未見過的符號，當他處於不確定的狀態裡，學習所產生的變化。這篇論文寫完後，我很大膽的把它寄到當時美國最好的學術期刊，得到的回覆是，我能用資訊把人類學習和動物學習連結起來，此一觀念非常新穎且重要，論文的內容也很不錯，但是英文不夠好，只要我再多加修潤，他們就願意刊登。自己提出的創見有人欣賞，這給了我很大的鼓舞。但我的身分仍是政大的研究生，必須通過政大的碩士論文考試，才能拿到碩士學位。我的這篇論文因爲是以實驗爲主，只有十二頁，其中還有三頁是圖表，本來是不能被政大接受的，幸好我的論文受到國外學術期刊的青睞，也幸好我遇到很多好的老師，他們願意拋開傳統的論文形式與評分標準，讓一個不依循常規的學生順利畢業。

叩問人類心智

畢業之後，我跟著潮流到美國留學，有幾所學校願意提供我獎學金，讓我直攻博士學位，當時賓州大學有一個很好的實驗心理學研究群在做語文學習的研究，正符合我的興趣，所以我選擇了它。到美國後，我繼續進行動物實驗，養了很多老鼠、鴿子、羊，還有兔子等。那時，心理學家認爲制約行爲必須經過很多頻率後才會形成，但我發現只要給予實驗對象一個中性的刺激（制約），就會帶動另一個行爲出來。所以，學習不一定要經過很多次的嘗試錯誤後才會出現，只要了解，一次就會了。從實驗中，我慢慢建立這樣的概念，當時我在賓州大學冰天雪地下，跟幾個老師討論最多的就是這些問題。

我的研究主題仍在比較學習，那個時代普遍認爲學習是一種行爲的概念，是一個刺激與反應逐漸聯結的強度。但我認爲其中還有很多因素，而且刺激與反應連結的強度也不是逐漸增加；人類心智的研究最重要的核心是記憶，而人類的記憶系統不是單一的，研究者應釐清語意的記憶以及訊息傳輸表面形式的記憶。爲了證實這個觀點，我的論文研究就是由資訊傳遞的模式，去探討人類記憶系統在登錄經驗與抽象推理的兩種運作方式，並做了很多實驗驗證我的理論。後來這篇論文由我的指導教授寇佛（Charles N. Cofer，當時他是《心理學評論》〔*Psychological Review*〕的主編）推薦參加心理學博士論文獎的競賽，得到美國研究院（American Institute for Research）頒發的創意天賦獎（Creative Talent Award）榮譽獎章的肯定。

做完博士論文，畢業前夕，有兩個地方提供我工作，一個是在美國南部的德州大學奧斯汀校區（University of Texas at Austin），另一個是在中北部的俄亥俄州立大學（Ohio State University）。我先到德大面談，接待我的是一個猶太人，穿著整齊，人也很客氣，第二天早上，他很熱心的陪我吃早餐，和我談到種族歧視，還問我會不會對這類事情很敏感。我回想了在賓州的經驗，告訴他，種族問題可能存在，但我們在實驗室裡沒有看過，也從來沒有想過相關的事情。「You live in a real world now.」（你現在進了真實世界，你必須面對），他意味深長的對我說。

果然，一路上我就看到許多對於有色人種有意或無意的歧視。例如我演講完，幾個研究生帶我出去逛逛，經過校園裡一座極爲有名的很高的塔樓，站在頂樓可以一覽全市風景，快到入口處時，幾個研究生忽然轉彎離開，然後告訴我，今天休館無法參觀。可是我明明看到有人走進去，於是我向前一看，大門口寫著：「中國人不准進入。」原來，五天前曾經有個中國學生從塔樓頂端往下跳。就爲了這麼一個簡單的原因，而禁止所有華人入內，我當時心裡感到很不舒服。那天下午，我和學院院長約好見面，他是一個以研究社會心理學聞名的心理學家。一見面，他開門見山問我，需要多少薪水？中國人開口談錢總是不好意思，我很客氣的說，依照系所的規定即可。他堅持要我說出個數字，他們應該給予我的實驗室多少經費？我暗自慶幸，有實驗室意味著這個學校的研究風氣應該很不錯。忽然間，他看到我手上的破手錶，又望望他手上剛從日本買回來的新手錶，說：「你是日本人？你們錶做得眞好！」我向他解釋，我是台灣人，不是日本人。他不以爲意的說：「All the same!」於是，我轉頭就離開。當這些你從來不曾想過的歧視發生在自己的身上時，你才恍然了解這是你必須面對與思考的課題。

站在世界學術屋頂，感受知識的隨時變化與研究的競爭激烈

後來，我決定留在俄亥俄州立大學心理系，同時也申請回台灣，因爲從一九六九年出國留學至今已經三年多，想家的心情越來越強烈。在俄亥俄州教書的兩年當中，我旁聽了很多課，最主要的是希望多了解其他研究者關心的議題，以及他們的研究有何新的進展。在旁聽的過程中我發現，神經科學（neuroscience）已經在發芽了，神經細胞的研究在各方面都突飛猛進，而很多從事心理學、研究認知的人竟然不了解神經的運作，也不知道世界發生了什麼

變化。那時我深深覺得，也許應該再多一門學問，也就是現在我們所做的認知神經科學。

我開始上解剖學，因爲我做的是記憶系統的分析，與ＤＮＡ、ＲＮＡ、荷爾蒙都有關係，但是這些方面的知識，我們在台灣的心理學系所都沒有受過訓練，所以，當很多學者從行爲的角度探討爲什麼老人容易遺忘等議題時，我雖然知道應該從ＤＮＡ、ＲＮＡ、荷爾蒙等方向提出解釋，否則無法回答眞正的核心問題，但我無法證實我的看法。我也去旁聽數學，因爲認知神經心理學的很多科學研究方法，必須藉用數學的幫助，但是我們在大學時也根本沒有接觸過高等微積分及線形代數等數學課程，而這些之於我們的研究是非常重要的。

這段時間裡，我最深的感觸是，在台灣的升學主義下，我們所學和所受的訓練，很明顯的限制了我的研究；尤其，數學的重要性，在當時我是非常能夠體會的。我覺得聯考制度以及太早分流的僵化體制害了我們，沒有機會學到這些東西，這時我即使有心學習，也已經來不及了：第一，時間不夠，第二，理解力也不及年輕時來得快。無法領略數學之美，成了我研究生涯的一個痛，到現在我都深深感到遺憾。

我在這兩年裡，學了很多神經方面的知識，對記憶有不同的看法。當時認知神經心理學把記憶系統分成三個層次，一樣事物進入大腦裡，先是感覺記憶（聽覺、視覺等）、短期記憶，然後是長期記憶，三個層次各自有不同的特性，這樣的區分是模擬電腦的處理步驟。但我認爲這樣的區分太過簡單，人腦有超過一兆的神經元，電腦和人腦的運作還是有很大的差別。記憶應該是一個使用系統（user system），其中有許多不同的層次，必須關心到語意、語法的部分。於是我做了許多實驗，針對記憶部件化（compartmental view）的研究提出反駁，並且驗證自己的多種記憶型態理論（Multiple Memory System）的觀點。

也許是這樣的研究帶著比較強烈的革命性，引起加州大學的注意，希望我能去他們學校教書、做研究。一九七四年，我從中北部的俄亥俄州到了美西加州大學河濱分校（University of California, Riverside）。大概是因爲想家的緣故，所以教書的地方也越來越往西，好像離家近一點！

劃時代的語言學家王士元

這時期我的研究是以生物方面爲主。當時我有一堂課教的是動物行爲，在我的實驗室底下有一群獼猴，牠們常常讓我想起旗山家鄉月光山那些獼猴。我每天早晚觀察牠們的行爲，發現有些很有趣的現象，例如春天時，牠們總是打得頭破血流，但以前在月光山上看到的猴子很少打得這麼激烈，我想是因爲這群猴子被關住，無處可逃的緣故；我也觀察到，一開始，牠們不但不理我，而且對我一副咬牙切齒的模樣，但是如果我注視著牠們的眼睛，比牠們兇猛，牠們就會聽服我，這是一種「控制」的社會行爲。於是，我就開始做獼猴的社會行爲的研究，加州大學河濱分校在非洲沙漠有一個工作站，我也曾帶學生到那裡住了兩個月研究狒狒，希望從獼猴、狒狒的研究，找出人類演化的歷史脈絡。

在我由俄州大應聘到加州大學擔任教授前，我一位在俄州大心理系的朋友尼爾・強森（Neal F. Johnson）告訴我，一定要去見見王士元，我這位朋友是一個非常優秀的心理學家，每年暑假都會到柏克萊教書，他非常佩服王士元，認爲王士元是劃時代的語言學家。

那一年，我在柏克萊的電報街和王士元見面，果然得到證實，他談吐間的風采和智慧眞的令我著迷。他最神乎其技的是，你給他任何一個詞，他可以馬上告訴你，它的辭源可能來自何處，以及如何演變而來；他最有名的表演和他一位在密西根州立大學（Michigan State University）的老師一樣，站在舞台上，底下放個錄音機，你播放某一種他從沒聽過的語言，他只須聽大約二十分鐘就可以開口講。讓一個本族語的人來聽，他會很驚訝的問：「你學了多少年了？」

我和王士元討論了很多做學問、研究的事情，他對我說：「中國有許多非常重要的語言學的知識，你們有沒有想過朝這方面研究？」我很直覺的回答他：「那應該是中文系的事。」「但是研究閱讀、記憶呈現的都是英文，美國人沒有說那是英語系的事。尤其，你研究的是語法在大腦內的處理模式，也許你可以試著從中文做做看?!」他的話讓我有些震撼，也開始思索研究的新方向。

一九七八年，我應聘到加州大學柏克萊校區的語言系擔任客座教授，我和王士元在語言系合開了一門課「語言的生物基礎」（Biological Foundation of Language），王士元是一個很有學問的研究者，上課時，我們從天文談到地理，從歷史人文到科學，貫穿古今，旁徵博引，最後總能像百川匯聚，萬流歸於一宗，回到主軸。每次上完課，學生都感到不虛此行，我們也覺得十分過癮。至今我都很懷念這段在研究與教學上彼此切磋的精彩時光，那實在是一種淋漓盡致後的暢快。

建立語言與腦神經組合的理論

在研究上，我們持續觀察動物行爲。這一年我開始做幾個研究，我有興趣的是出現在我們周圍的白冠麻雀，每年四月初起，牠們的歌聲就傳遍整個加州，尤其是金門公園。如果說，先前我們所研究的猴子、狒狒是唯一趨進人類語言的動物；那麼，白冠麻雀則是以另一種方式趨進人類語言，並且更能淸楚展現的動物。

我們的研究人員分成兩組，一群往北，在比較潮溼的舊金山金門公園附近，一群向南，在靠近南邊位於雙峰山區稍微乾燥的得利市（Daly City）。大約在每年三、四月，白冠麻雀會在這裡築巢，每天清晨四點，我就帶著學生分批乘車過灣橋到牠們生活的地方去看牠們，我們把每一隻鳥編號，錄下牠們的歌聲。每隻鳥的叫聲都不太一樣，牠們的叫聲的特點就像是自己的名字。大約聽了兩三個月後，我們就可以從聲音辨識每一隻鳥。

這些鳥，真的教會了我們如何看待語言。例如，我們發現，南北兩群鳥唱歌的方式不太一樣，分成南音北調；但是我們也發現一隻不但會唱南音也會哼北調的雙語鳥，原來，這是一隻南方的鳥，到了北部，學會了唱北調。又例如，我們聽到有隻公鳥唱的歌走了調，把牠抓來追究原因，發現原來牠撞傷了左腦；於是我們捉來另一隻公鳥，暫時麻醉牠的右腦，觀察牠唱歌時是否會出現其他變化，發現和麻醉前是一樣的。原來，鳥類和人類一樣，都是由左腦負責控制唱歌的功能。再例如，我們都知道只有公鳥唱歌，母鳥不唱。我們試著抓來一隻母鳥做實驗，在牠身上打了一劑雄性賀爾蒙，發現母鳥的左腦竟然開始腫脹，一星期後，原來不唱歌的母鳥也開始高歌。這說明了在母鳥的腦部，負責歌曲旋律的腦神經細胞一直都存在，只是缺乏發動的能量，在雄性賀爾蒙的驅動下，該部位的腦神經細胞開始成長，母鳥也唱起歌來了。這再度證實鳥和人類都是由左腦負責語言。

從這些鳥的身上，我們也發現神經再生的機制。因爲唱歌是求偶的必要條件，所以這些鳥自四月求偶期開始，就唱個不停，等到七月過後，便不再聽到牠們的歌聲了。我們發現，當求偶期過後，鳥類負責唱歌的左邊腦神經出現萎縮的情形，等到第二年牠們從南部返回舊金山時，萎縮的部分又再生。發現這些現象，讓我們十分興奮。因爲透過鳥類的研究，我們可以看到牠們的行爲、語言和人類有很多相同的模式，雖然不像人類那樣複雜，但基本因素是一樣的。這些基礎科學的研究發現，有什麼重要性嗎？它們未來都可能有助於人類對抗老年痴呆症、腦神經衰微等病症。

偶遇趙元任，促成漢語文神經語言學的成立

在柏克萊教書的這一年裡，我們很認眞的把人類語言的生物基礎、來源以及變化，與猩猩、鳥類等動物的差異，講解得非常清楚詳細。在我的課堂上，有一位白髮蒼蒼的老先生，整個學期沒有缺席過，總是很認眞做筆記。最後一堂課，他帶頭跺地板時，讓我非常感動。這是柏克萊的一項傳統，如果學生認爲教授上得精彩，就會在最後一堂課時猛跺地板，以示尊敬和感激。這位老先生下課後邀請我到他家吃飯，我感到很榮幸，答應了他，雖然隔天我就要回河濱分校，連行李都還沒有打包！

我依約到老先生家時，王士元已經到了，他問我知不知道主人是誰？我這才知道，他就

是被尊稱爲「中國語言學之父」的趙元任先生。這頓飯做得很好吃（趙夫人的廚藝是天下有名的），但我實在是如坐針氈！怎麼說呢？趙先生語重心長的對我說：「我聽你一學期的課，覺得你們這些實驗心理學家、研究動物語言的人，眞的是很精彩！我是研究語音的，中國文字有很美、很重要、値得研究的部分，但爲什麼心理學家沒有想過用這些技術、想法、理論好好了解漢語？所有的文字都可以用聲音表達，你們應該用你們的實驗方法把它們解開。」

趙元任告訴我，每種文字都象徵著人類的文明之一，解開漢字內部的謎就能了解中國文明的起源與發展；而且中國聲韻學有許多偉大的成就，尤其，漢語的平上去入聲調以及閩南話蘊含著連音變調的現象，都是很値得研究的課題。中、英文的最大差異在於，每個英文字的前後都有一個空格，但是漢字每個字都是單獨的字形，所以斷句不同，意思也會不同，以「國際性教育會議」來說，可能是「國際」性教育會議，也可能是「國際性」教育會議，這就是漢字的特性之一。

趙元任爲我打開進入漢語研究的一扇門，等到我眞正走入研究後，才眞正能體會漢語的精髓所在。例如，當他提到閩南語的入聲字是個寶藏時，我並沒有太大的感覺，雖然閩南語和北京話的最大差別在於，北京話的入聲字都不見了，閩南話則仍然保留。直到有一天，我才從我媽媽身上看到寶藏在哪裡。

從媽媽身上看到寶藏

我的媽媽因爲中風左腦受傷，有時候她打電話給我，找不到人就會生氣，於是，我買了一部答錄機方便她留言給我。有一次，我聽她的留言，聽著聽著，忽然之間眼淚掉了下來，因爲我媽媽的入聲字統統不見了。我第一次發現，左腦的布羅卡區受傷，居然會影響入聲字的變化。後來我回高雄旗山探視媽媽時，特別請她用閩南語念柳宗元的〈江雪〉一詩：「千山鳥飛絕，萬徑人蹤滅，孤舟簑笠翁，獨釣寒江雪。」我有興趣的是「絕」、「滅」、「雪」。它們爲什麼重要？因爲古音裡，這三個字都是入聲字，如今閩南語還保留它原來的入聲發音，但北京話卻分別讀成平、去、上聲。爲什麼會這樣？原來從數千年前的唐韻、廣韻到宋元明清的中原音韻時，北京由於有許多外來族群的移民，在不同語言撞擊下的結果，造成所有的入聲字都不見了。

然而入聲字的消失，是否有軌跡可尋？爲什麼同是入聲，絕是二聲「絕」，滅卻變成了四聲「滅」？我們就去翻查古書，發現書中記載得很清楚，入聲三派，派入三個地方，後尾音隨著前音變化，假如前面的子音是濁聲母（d, b, g）要注意，清聲母（p, t, k，聲帶沒有帶動的）則不論，我們實在很欽佩這些古代的耆老，他們早就觀察到這個規則！尤其，中國在數千年前就已經有《韻鏡》這本紀錄音韻的書，一邊是發音的位置，一邊是發音的方法和態度，這些就是現代科學聲韻學的基礎。

做一個實驗室裡的人類學家

一九八一年我升為正教授，並在河濱分校成立研究中心，以研究文字組合的規則和閱讀歷程的關係為主，也針對失語症和失讀症（alexia without agraphia）病患的語言行為進行實驗研究，找出語言和腦神經組合的關係。在這段期間內，我們有很不錯的成果，發表了三篇主要的論文，先後刊登在《自然》上。但是，我一直在思考，一位研究認知心理學的學者，不只應該了解心智如何在文化裡頭運作，還要知道它如何演變，以及終極的因果關係是什麼。如果我要研究漢語，了解其中的機制，就必須從文化層面著手進行，必須回台灣，也必須做一個實驗室裡的人類學家。

我們應該親自到生活的場景中從事田野的研究，以驗證在實驗室裡發現的現象與綜合出的理論；也應該把實驗所研究出的徵象，應用到生活的實務之中。例如，我們為了了解苗傜洞壯的語言和現在南島語言的關係，以及這些地方的人如果發生像我媽媽一樣的失語症，他們的語言會產生什麼音的變化？這就必須親自到現場去！

我們到了緬甸巴干，發現這個城市到處都是佛塔，在佛塔牆壁上的文字都是大大小小的圓圈，這是緬甸的文字，和梵文一樣，它也是由希臘字母（古拉丁字）演變而來。希臘文字傳到西藏變成有稜有角、線條分明的藏文，傳到緬甸卻演變爲都是曲線組成的緬文，兩種文字在外形上有極大的不同。這是因爲中國紙筆傳到了西藏，所以藏文還保留有方、有勾、有直、有豎的筆劃；但緬甸由於喜馬拉雅山的阻隔，中國的紙筆過不來，於是緬甸人以鋼針代筆，寫在棕櫚葉上，棕櫚葉易破，所以字體中菱角的部分逐漸變成圓圈。我們從第九世紀所出土的緬甸文物發現，緬甸文從菱角演變成圓圈，一共經過四百年。演化到最後的文字，眞的是圈中有圈，圈外有圈，圈上有圈，全都是像泡沫一樣的圓圈，所以就被稱爲「泡沫文字」，這是全世界獨有的。

想想看，這些大小圓圈的文字在我們看來都一樣，但是對他們來說，稍微一點點的變化就代表不一樣的字，幾百年來他們看到的都是這樣的文字，那麼他們對圓會不會特別敏感？這會不會影響他們的視覺系統、腦神經的組合？這是我們思考的問題。我們必須把所有發現的觀點帶回實驗室研究。

回到台灣後，我們到台北縣中和的一個緬甸村，這裡有很多的緬甸人，我們請他們到實驗室裡做研究，觀察他們是否容易發生「圓的錯覺」。結果證實，他們的腦神經和他們的文化一樣，果然都受到影響。他們除了文字獨特外，舞蹈也很特別，觀察泰國暹羅人和緬甸人跳舞，穿的衣服很相似，但是緬甸人手彎起來時一直在打圈子，很好看的！緬甸人眼中的圈圈之美，實非你我能想像得到的，他們在舞蹈中完全表達出那個意境，這說明了人和文化是結合在一起的。金庸《笑傲江湖》裡，有一段描寫愛書法成痴的禿筆翁，以一隻鋼鑄的判官筆作兵器，把書法融入劍法裡，確實是有道理的！

現在各位到巴干可以看到到處都在修復破舊的佛塔，這裡曾經有過六萬多座佛塔，大部分都被毀掉了，只剩下兩萬多座廢墟。我們很好奇爲什麼被毀掉？是誰毀了它們？後來我們找到一塊石碑，上面有一段關於這段歷史的記載。說明元朝忽必烈大帝因爲聽將官進言，在南方有個國家的人民窮盡一生只爲蓋座佛塔，忽必烈可能認爲這些人太沒有志氣了，於是派萬兵南下，把所有的佛塔盡數毀去。所以說，做一個實驗室裡的人類學家，除了要把所觀察到的現象帶回實驗室研究，最有意思的是你如何解讀，因爲一個地理因素，使整個文化和文字產生了完全不一樣的結果，以及你如何看待不同文化的差異與特色。

認知與神經科學的世紀之婚

我是在一九九〇年回到台灣的，在那之前，我幾次申請回台灣教書，聽說最後都是因爲

「安全問題」而不了了之。那年的感恩節前夕深夜，我接到一通中正大學林清江校長打來的電話，他很誠心的邀請我到中正一起幫忙成立心理所。我們素未相識，但我很高興林校長的大膽讓我完成回台灣的心願，也讓我有機會把在國外快速興起、已經成爲一門顯學的認知科學帶回台灣來，這是我一直想做的事情，我相信林清江校長也洞悉了國際學術的潮流，認爲台灣不能再落後，所以願意投入資源，讓我們發展以認知科學爲特色的心理系。

我到了嘉義中正大學建立認知科學研究中心，把心理學中與近代科學有關的認知科學提昇上來做爲研究的主題，然後與近代的神經科學結合。我們發現大腦對應的方式有好幾種，第一個是單細胞記錄，這可以在動物實驗中作，例如我們可以將測量器放入鳥的某個神經中，測量牠在唱歌或聽歌時，作出反應的神經是哪個位置；也可以作出腦傷病人受傷的部位和功能的對照。第二是腦波的測量，我們給受試者各種刺激，然後測量他的腦波，例如當我說「我喝咖啡加糖」和「我喝咖啡加鹽巴」，後者，大腦會在約四百毫秒處產生一個負波。所以，我們可以根據不同的句子作不同的分析，結論是，我們的大腦在四百毫秒內會有一個語意的分析，在五六〇毫秒內會有語法的分析。現在我們大致可以把大腦分成聽覺、視覺、發言、思想等活動區，然後把這些地點和上述的時間結合，去做分析研究。

我們比較大腦在閱讀漢字時的運作情形與英文有何不同，也比較韓文、中文，假字、眞字，同音不同字或不同音相似字等這些情況，從這些不同的比對當中，觀察左、右腦的運作情形。很有趣的是，看到中文字形時，因爲你會默念、也知道它是什麼音，左腦就會出現一大堆活動；但如果看到同音字（佩、沛），則只有負責音的大腦部位在活動。如果看到中文字的假字，兩邊的腦都會活動。這和閱讀英文不同，讀英文時，大腦負責音的部位在活動，但是當你看到brane這個假字，大腦裡負責音的部分活動得很厲害，因爲它在找尋如何發音；大腦看中文眞字，也是只有一個地方活動，但是看到中文的假字，大腦不但要找尋發音，還要知道字形、意義，所以，左右腦都在活動。由此，我們慢慢可以看出腦的活動在閱讀中文的層次上的運作情形。

這是爲什麼我要從中正大學轉到陽明大學與榮總，因爲當時榮總建立了功能性磁共振造影（fMRI）的研究設施，透過這部機器，我們可以做更多有關大腦運作的研究，包括了解自閉症、學習障礙（learning disability）、失讀症的小孩的腦部運作。不久前，我們看到一個人很有趣，他在聽鋼琴的時候，眼前會飄出一片藍天；聽薩克斯風的時候，會看到霓虹燈。全世界大概只有四百個人有這種能力。我們就將請他到實驗室來，測量當他聽到鋼琴和薩克斯風時，大腦運作的地方與情形，這些大腦都可以顯示出來，而我們只要透過功能性磁共振造影就可以觀察到。

推動閱讀習慣，普及科學知識

我記得當我關掉美國的實驗室，賣掉美國的房子，把念小學的兒子一起帶回台灣，開始的前幾年，我的小孩因爲語言不通在學校常受到欺負，被罵白痴；在課堂上，也不能適應大部分老師的教育方式；有一次升旗敬禮，他因爲還不了解而行舉帽禮，立刻就被打了一耳光，種種適應不良的情況，所以他經常跟我們吵著要回美國。某天，他讀到課本中的一段話「山川壯麗、物產豐饒」，拿著課本與我爭辯，怪我們騙他，他看到的完全不是這樣，到處有汙染，也有很多蚊子。我知道，做父母的對他解釋再多爲什麼，都抵不上他在台灣教育體制中受到的傷害。我心想，無法曉以大義，就動之以情吧！我告訴他：「書上寫的是將來，不是現在。我們回來只有一個想法，就是希望因爲我們的努力，有一天台灣會變得更好。」我的孩子沒有再和我爭論下去，我想，某個原因是因爲他眞的看到我們確實是努力朝著這個方向做。

閱讀，是我認爲在教育上最重要的部分。到現在，我都很感激我的父母沒有把我送到城市唸書，因爲我們在鄉間生活所得到的，遠比死背參考書上的教條多更多；我也很慶幸從小養成的閱讀習慣，以及後來從各種小說、科普書籍、雜誌上得到知識的啓蒙，讓我變得更豐富快樂。尤其，從我自己所作的大腦研究中也發現，閱讀有助於大腦的結構和組合的改變，對世界的看法也會有多元的觀點。

在美國的這些年來，每年我們都會舉辦贈書到鄉村的活動，回到台灣我們仍然持續推動閱讀工作，尤其是鄉村與偏遠地區，因爲這些地方的資源比城市少了許多，但是如果給予他們幫助，教育在這裡所能發揮的功能也是最明顯，而且讓人感到很驚喜的。例如，我們這幾年都會捐贈圖書或書架等用具給嘉義竹崎國小，並且幫助學校一位楊老師成立「春風化雨」讀書會，不但帶動學生閱讀，也累積了很多學生從閱讀中自創的作品。現在，竹崎國小的讀書會經驗已經成爲很多學校參考的模式了。

除了閱讀外，我很希望推動的是普及科學知識。尤其，我回到台灣後，發現很多人對科學有一種恐懼和陌生感。我一直在想，如何將這種清晰的觀念帶給我們的老師，如何寫一本媽媽可以帶著小朋友一起閱讀的科學故事。後來《聯合報》邀請我寫一個科學的專欄，這個專欄我寫了一年多。我們也常常到各個學校演講，希望能夠推動科學教育，因爲如果科學精神能夠融入在我們孩子的思維中，如果他們也能具備一定程度的科學素養，那麼，他們至少能夠具有批判性思考，而不會輕易接受沒有證據的八卦，也有足夠的知識見解參與公共事務的討論。

The past is within us all!

在研究上，我回台灣來最想做的是解開人類心智之謎。當然DNA的定序與解碼，是我們可以有能力參與的。現在陽明大學和榮總的研究團隊正趕上人類的大計劃，他們已經完成了千萬鹼基。在基因研究中，美國約佔六〇%，英國佔三〇%，法國、德國、日本佔一〇%，台灣佔三～五%、大陸佔一%，所以從研究的觀點上，陽明榮總的能力大概可以排名全世界十名以內。如果國家願意再提供經費，我們可以從這基礎繼續做萬萬鹼基，但這是屬於國家級的政策考量，重點在於台灣是否要把名字登入在人類唯一一次基因解碼的歷史上？我們有沒有勇氣、夢想完成它？我們是否認知到基因工程是未來許多科學研究的基礎？那麼，在電子工業工程已經完成台灣經濟發展的革命後，我們要不要加入基因工程的研究？如果決定不做，那就算了；但如果大家都同意要這個國家榮耀，Let's do it! 我們必須分清楚哪些科學領域的發展對未來是比較重要的，這是選擇問題。

對我來講，重要的是人類基因從起源到分布的這棵樹。

從基因計劃的研究中，我們已經畫出一棵人類演化的樹，人類的祖先幾萬年前從非洲開始向外出走，分散至澳洲、歐洲、亞洲、美洲。對從事認知神經科學研究的我們來說，人類的語言發生無數次的變遷後，至今約有八千多種語言，根據比較語言體系的研究，我們也可以畫出一棵語言變遷的樹。

比對基因和語言這兩棵樹，最早的根，都是從非洲小黑人俾格米族（Pygmies）起源，然後到尼羅河、撒哈拉、剛果、衣索比亞、伊朗、南島語言、苗傜洞壯，再往上走，美洲的印第安、愛斯基摩、日本、韓國、蒙古……。這兩棵樹實在是很像！而且應該很像！如果比較這兩棵樹發現有一些特定的支叉上出現不相吻合之處，則我們就幾乎可以肯定必然有大規模的人爲因素介入演化的歷程，其表徵就會反映在文化的變異上。

所以，讓我們打開視野，深入探討語言、基因、文化在歷史的時間與空間中的互動。讓我以一句話概括人類心智的研究：「The past is within us all!」

是的，文明就在我們的基因與語言之中！

〈附錄二〉

I DREAMED ABOUT LIZ LAST NIGHT

五個國家、七種語言的研究群，才剛剛慶祝完我們「跨語言失語症研究計劃」第三次通過美國國家衛生署（National Institute of Health）的主要研究案（program project），就傳來總主持人Elizabeth Bates（依莉莎白・貝茲）生病的消息，不久之後又說是胰臟癌，且與家族的遺傳有關。如果是這樣，那大勢已去，目前尚無良藥可醫。大夥兒一邊努力做研究，一邊也到處爲她找最先進的醫療場所及當代對此惡症最有研究的專家。但情況越來越不妙，二○○三年年底，貝茲走了，才五十六歲。

貝茲是加州大學聖地牙哥校區認知科學系的講座教授，是當代神經語言學與發展心理學研究者中數一

數二的大師，她從各種嬰兒語言與認知發展的實驗數據中，挑戰當代語言學的泰斗喬姆斯基（Noam Chomsky），論證如排山倒海，直搗「內在理念」（innateness）的核心。《語言本能》一書的作者平克教授近年來與貝茲大打筆戰，他在《紐約時報》上對她追思的一句令人側目的句子是：「She made us honest!」（她使我們誠實論證！）

貝茲生前非常喜歡到我們在陽明大學的實驗室，和研究生討論跨語言研究對建構腦科學的重要性，她帶著大家做實驗，爲大家改研究論文，雖然來匆匆，去也匆匆，但她對年輕學生的提攜不遺餘力，她拔刀相助的情誼則令我銘感在心。離開人世近八個月，她的身影仍然徘徊在我們的實驗室中。

今年二月，加州大學在沙克生物研究院爲她舉行追思禮拜。追思會前夕，我看到茱莉亞喪母後的孤單身影，她是貝茲最鍾愛的獨生女，我也看見貝茲的先生查理憔悴的樣子，我倆視線交會的那一剎那，沉靜無語。在聖地牙哥的旅館，那一夜，我想起明天就要和貝茲告別，翻覆之間，往事歷歷如繪，一時淚水難禁。我把我對她的思念，寫成這篇短文在會中悼念。

如今再唸此文，如見亡友再現。不禁再次潸然淚下。

*

I dreamed about Liz last night. She was smiling, understanding, encouraging, and to my heart, caring for all my students and my family in Taiwan.

I dreamed about the incidence caused by her fear for a little bug on the bus from Hsin Chu to Taipei. With a loud and shocking voice, she yelled suddenly and jumped onto my lap and her trembling finger was pointing to a tiny little bug on the window. In 1985, she was young and tall, and a beautiful American lady and I was a skinny, short and an almost handsome Taiwanese professor, known by everyone on the bus. The bus stopped by the roadside and all the people were watching us. Embarrassed and frozen, I just couldn't tell Liz at the moment that I was afraid of that little tiny bug too.

I dreamed about her witty discussions in the 1994 Taipei conference with Al Liberman, right after his opening speech on "Language is Special". She amazed all the Taiwanese audience by her fast and clearly articulated words and her very intensive and convincing arguments. As one of my colleagues commented later, "Words just were flying out of her larynx, but with conceptual accuracy of 100 percent." Al said. "That required a very high resolution of temporal processing and so was a perfect example of 'Speech is Special'." Liz countered, "I also think very fast, speech happened to be a special case."

I dreamed about how I introduced her to our Taiwanese professors and researchers during her several trips to Taiwan. I introduced her as "a rising star in the field" in her first trip, "a shining star in the field" in her second trip, and "a galaxy in the field" in her third trip. Now, I am going to go back to Taiwan and tell my people, "Liz is more than all of the stars in the sky, she is a friend and she is always in our heart."

I dreamed about her telling me the story of the two bottles of champagne she kept for me. When she heard that I became the President of the National Yang Ming University, she worried about the cross-linguistic research projects to be carried out in lab. She purchased a bottle of champagne and she would open it if I quitted the presidency. I told her it won't be long and I needed her help in our cross-linguistic aphasia project. She promised to help out and she did. She flew in to Taiwan from San Diego and other places of the world and one particular trip from Rome, just before Christmas. But before she had a chance to open the first bottle, I was invited to serve as the Minister of Education for Taiwan. Liz bought another bottle of champagne and said she would open both of them when I quitted my office. I stayed in the Ministry for two years, doing whatever

I could to help the country in educational reforms. But Liz knew I would not serve long because I never would bow to political pressure if I thought the things were not done right. My ministry came to an end and in my farewell speech to all my fellow university presidents in Taiwan, I gave them a "Gladiator" talk and walked out like an assassinated soldier. When I told her the "Gladiator" story in the hospital, she loved it and said she was very proud of what I had done. She asked me to repeat the "Gladiator" story again the last time I saw her in her house. I appreciate her encouragement and especially her confidence in me, knowing I was the type of person who would hold on to principles and never give in to any political pressure.

I dreamed about Liz last night. I would not let my jetlag interfere with my dreaming of her. Daisy, Stanley, Ching Ching, Angela, Jean, Yi-Ming, all my students in the lab and I will remember her always.

Liz, please keep coming back to our dream and teach us how to run our next experiment.